互联网治理的中国经验

如何提高中共网络执政能力

黄相怀　等◎著

中国人民大学出版社
·北京·

目　录

导言

加强中国共产党网络执政能力建设

在当代中国，工农兵学商，中国共产党是领导一切的。而中国共产党之所以能够成为领导核心，一方面靠的是其执政地位，另一方面靠的是其强大的执政能力。在一定意义上，后者具有更加关键的意义。执政能力一般指以执政党为主体、以国家权力系统为客体的执政党执掌国家政权的能力。2004 年，中共十六届四中全会通过的《中共中央关于加强党的执政能力建设的决定》首次对执政能力作了概括："就是党提出和运用正确的理论、路线、方针、政策和策略，领导制定和实施宪法和法律，采取科学的领导制度和领导方式，动员和组织人民依法管理国家和社会事务、经济和文化事业，有效治党治国治军，建设社会主义现代化国家的本领。”按照当时的界定，党的执政能力特指中国共产党在执政过程中驾驭社会主义市场经济的能力、发展社会主义民主政治的能力、建设社会主义先进文化的能力、构建社会主义和谐社会的能力、应对国际局势和处理国际事务的能力。这个界定具有时代的合理性，但是，随着中国的网络发展和信息化建设的日益深入，加强中国共产党的网络执政能力建设就提到了重要日程上来。

2016 年 4 月 19 日，习近平总书记主持召开网络安全和信息化工作座谈会并发表重要讲话（以下简称“4・19”讲话）。在“4・19”讲话中，习近平总书记围绕让互联网更好造福人民、建设网络良好生态、掌握互联网核心技术、正确处理安全和发展的关系、增强互联网企业使命感责任感、为网信事业发展提供有力人才支撑等，进行了全面而深刻的论述。特别是，习近平总书记在讲话中提出的“我们提出推进国家治理体系和治理能力现代化，信息是国家治理的重要依据，要发挥其在这个进程中的重要作用”“要以信息化推进国家治理体系和治理能力现代化”“善于运用网络了解民意、开展工作，是新形势下领导干部做好工作的基本功”“网络空间是亿万民众共同的精神家园”等重要思想，为新形势下大力加强中国共产党网络执政能力建设提供了基本遵循。以“4・19”讲话为中心，可以管窥加强中国共产党网络执政能力建设的基本思路，为面向信息社会的国家治理现代化提供明确而有益的思考。

一、网络执政能力研究述略

严格来说，自从互联网进入中国，中国就产生了一个新的社会空间——网络空间，也就有了互联网对政治经济社会各方面的深刻影响和改变，也就有了管理引导互联网安全健康发展的问题，从而对于中国共产党而言就有了加强网络执政能力建设的客观要求。但是，对于新生事物的认识是需要一个过程的。从查阅到的文献看，最早提出网络执政能力概念并进行初步阐发的，是周博文。2002 年，周博文在其硕士论文《网络化条件下对国家主权问题的若干思考》（东北师范大学硕士学位论文，2002）中，首次提出了“政府网络执政能力”这一概念，并进行了若干阐发。

2009 年，王峰在《网络执政能力亟待加强》一篇短文中，直接而明确地提出了“网络执政能力”这一概念。文章认为：当前，网络已成为民意表达最为集中的场所之一，成为公众参与政治的主流渠道。因此，我们要发展和拓宽传统执政能力建设的内涵和外延，切实把网络执政能力建设抓紧、抓实、抓好。①

① 参见王峰：《网络执政能力亟待加强》，载《当代贵州》，2009（2）。

自此之后，学者们探讨网络执政能力的论述逐渐多了起来。比较有代表性的，一是张作荣的《提高领导干部网络执政能力》一文。张作荣提出，提高领导干部网络执政能力，是新形势下加强党的执政能力建设的重要内容，对于推动科学发展、促进社会和谐具有重要意义。张作荣还对概念做了界定："领导干部网络执政能力，是指领导干部运用网络科学研判舆情、正确引导舆论、及时处置网民意见和要求，以及善待、善用、善管媒体等方面的能力。"[①] 二是张琪的硕士论文《我国地方党委网络执政能力建设问题研究》（东北大学硕士学位论文，2011）。作者在文中对地方党委网络执政能力建设做了界定："地方党委网络执政能力建设就是在网络环境下，地方党委获取、运用和整合网络资源，根据搜集的网络民意和信息制定出相应的科学决策，并将其转化为公共服务的建设过程。"并具体列出了网络执政能力的具体内容：通过网络渠道收集民意的能力，利用互联网发布信息的能力，利用互联网处理突发事件的应急能力，加强网络文化建设的能力。

鉴于学者们在网络执政能力内涵界定上的不一致，滕明政在《科学理解网络执政能力内涵》[②] 一文中，提出科学理解网络执政能力概念，并提出了自己的界定："网络执政能力是指

---

① 参见张作荣：《提高领导干部网络执政能力》，载《人民日报》，2010-09-30。

② 参见滕明政：《科学理解网络执政能力内涵》，载《党政干部学刊》，2012 (8)。

中国共产党娴熟运用网络平台，科学判断网络舆情，及时倾听群众心声、反映群众诉求、破解群众难题，正确引导舆论导向，积极发展电子党务等能力。”但真正把网络执政能力研究向前推进一大步的，当属叶敏的《网络执政能力：面向网络社会的国家治理》[①] 一文。文中分析并展示了网络执政能力的内在结构。网络执政能力包括网络建设能力、网络管理能力和网络应用能力三个方面。网络建设能力是指包括网络发展战略制定能力、网络基础设施建设能力、网络技术开发利用能力等在内的有关能力；网络管理能力包括互联网基础管理能力、互联网信息系统安全保障能力、网络舆论引导能力、网络突发事情应急能力等在内的有关能力；网络应用能力包括网络经济发展能力、电子党（政）务应用能力、网络民主发展能力、网络文化建设能力等在内的有关能力。这一分类，清晰而明确地指出了网络执政能力的内涵，标志着学者对于网络执政能力的理解提到了一个新的高度。2014 年，于华、史焕高提出从国家治理体系和治理能力现代化角度看待加强政府网络执政能力建设，在学理上使得加强网络执政能力建设具有了国家治理现代化的高度。[②]

① 参见叶敏：《网络执政能力：面向网络社会的国家治理》，载《中南大学学报（社会科学版）》，2012（5）。

② 参见于华、史焕高：《加强政府网络执政能力建设——从国家治理体系和治理能力现代化角度》，载《党政研究》，2014（2）。

综上所述，可以看出：一是我国学者关于网络执政能力的认识，特别是从国家治理现代化的高度认识，目前还是初步的；二是尽管是初步的，但为我们思考加强执政党网络执政能力建设，也提供了一个比较好的起点，从而使得我们可以利用已有研究成果所形成的初步分析框架，以习近平总书记“4·19”讲话为中心进行若干学理分析，从而在推进国家治理现代化的高度深刻认识大力加强中国共产党网络执政能力建设的必要性、重要性和基本路径。

二、习近平总书记关于网络执政能力建设的重要论述

“党的十八大以来，习近平总书记就建设网络强国等提出了很多新思想新观点新论断，为做好有关工作指明了方向、提供了遵循。”① 从推进国家治理现代化的高度，借助于网络执政能力包括的网络建设能力、网络管理能力和网络应用能力三个方面，对习近平总书记“4·19”讲话进行学理分析，可以发现，习近平总书记高度重视中国共产党的网络执政能力建

① 本刊记者：《我们的目标就是要建设网络强国——访中央网络安全和信息化领导小组办公室主任鲁炜》，载《秘书工作》，2016（3）。

设，形成了若干重大而基础的认识和判断，从而为当前和今后大力加强党的网络执政能力建设提供了基本遵循。

（一）关于网络执政能力建设的若干重大认识和判断

在“4·19”讲话中，习近平总书记高度重视网络执政能力建设，形成了若干重大认识和判断：

一是决不能错失信息革命这一重大发展契机。习近平总书记认为：“从社会发展史看，人类经历了农业革命、工业革命，正在经历信息革命。农业革命增强了人类生存能力，使人类从采食捕猎走向栽种畜养，从野蛮时代走向文明社会。工业革命拓展了人类体力，以机器取代了人力，以大规模工厂化生产取代了个体工场手工生产。而信息革命则增强了人类脑力，带来生产力又一次质的飞跃，对国际政治、经济、文化、社会、生态、军事等领域发展产生了深刻影响。”在省部级主要领导干部学习贯彻党的十八届五中全会精神专题研讨班上的讲话中，习近平总书记认为，在农业革命时代，中国走在了人类社会的前列，在工业革命时代，由于错失机遇，落在的时代的后面。而“发端于英国的第一次产业革命，使英国走上了世界霸主地位；美国抓住了第二次产业革命机遇，赶超英国成为世界第一。从第二次产业革命以来，美国就占据世界第一的位置，这是因为美国在科技和产业革命中都是领航者和最大获利者”。

由于改革开放和现代化建设的历史积淀，正在发生的信息革命，中国处于并跑或者领跑的位置，一定要抓住这次千载难逢的机遇。习近平总书记指出：“经过几代人努力，我们从来没有像今天这样离实现中华民族伟大复兴的目标如此之近，也从来没有像今天这样更有信心、更有能力实现中华民族伟大复兴。这是中华民族的一个重要历史机遇，我们必须牢牢抓住，决不能同这样的历史机遇失之交臂。这就是我们这一代人的历史责任，是我们对中华民族的责任，是对前人的责任，也是对后人的责任。”

二是要深刻认识互联网和信息化对于我国发展的重大推动作用。信息化和经济全球化相互促进，互联网已经融入社会生活的方方面面，深刻改变了人们的生产和生活方式。我国正处在这个大潮之中，受到的影响越来越深。习近平总书记认为，党的十八届五中全会提出了创新、协调、绿色、开放、共享的新发展理念，这是在深刻总结国内外发展经验教训、深入分析国内外发展大势的基础上提出的，集中反映了我们党对我国经济社会发展规律的新认识。“总体上说，网信事业代表着新的生产力、新的发展方向，应该也能够在践行新发展理念上先行一步。”之所以能够先行一步，是因为互联网对于形成经济新常态下发展新动力具有重要推动作用；对于推动民生改善和社会事业发展具有重要推动作用；对于推进国家治理体系和治理能力现代化具有重要推动作用。

（二）大力提升网络建设能力

在“4·19”讲话中，关于提升网络建设能力，习近平总书记突出强调要掌握核心技术，提高自主创新能力。

邓小平曾谆谆告诫：“过去也好，今天也好，将来也好，中国必须发展自己的高科技，在世界高科技领域占有一席之地。”建设网络强国，要有自己的技术，过硬的技术。习近平总书记指出，同世界先进水平相比，同建设网络强国战略目标相比，我们在很多方面还有不小差距，特别是在互联网创新能力、基础设施建设、信息资源共享、产业实力等方面还存在不小差距，其中最大的差距在核心技术上。互联网核心技术是我们最大的“命门”，核心技术受制于人是我们最大的隐患。因此，我们要掌握我国互联网发展主动权，保障互联网安全、国家安全，就必须突破核心技术这个难题，争取在某些领域、某些方面实现“弯道超车”。

怎样实现“弯道超车”？习近平总书记认为，核心技术要取得突破，就要有决心、恒心、重心。有决心，就是要树立顽强拼搏、刻苦攻关的志气，坚定不移实施创新驱动发展战略，把更多人力物力财力投向核心技术研发，集合精锐力量，做出战略性安排。有恒心，就是要制定信息领域核心技术设备发展战略纲要，制定路线图、时间表、任务书，明确近期、中期、远期目标，遵循技术规律，分梯次、分门类、分阶段推进，咬定青山不放松。有重心，就是要立足我国国情，面向世界科技前沿，面向国家重大需求，面向国民经济主战场，紧紧围绕攀登战略制高点，强化重要领域和关键环节任务部署，把方向搞清楚，把重点搞清楚。

安全和发展是一体之两翼、驱动之双轮。安全是发展的保障，发展是安全的目的。习近平总书记还强调，大力提升网络建设能力，还必须确保网络安全，树立正确的网络安全观，加快构建关键信息基础设施安全保障体系，全天候全方位感知网络安全态势，增强网络安全防御能力和威慑能力，等等。

（三）大力提升网络管理能力

在“4·19”讲话中，关于提升网络管理能力，习近平总书记突出强调的一点，就是建设网络良好生态。

当前，网络空间已经成为意识形态斗争的主战场，网络舆论已经成为影响社会稳定的导火索，因此，习近平总书记认为，互联网是一个社会信息大平台，亿万网民在上面获得信息、交流信息，这会对他们的求知途径、思维方式、价值观念产生重要影响，特别是会对他们对国家、对社会、对工作、对人生的看法产生重要影响。因此，一个清朗的网络空间，对于一个国家、社会的发展具有至关重要的意义。2013 年 8 月，习近平总书记在全国宣传思想工作会议上指出，要把网上舆论工作作为宣传思想工作的重中之重来抓，对那些恶意攻击党的领导、攻击社会主义制度、造谣生事的言论，要敢抓敢管敢于亮剑。“要解决好‘本领恐慌’问题，真正成为运用现代传媒新手段新方法的行家里手。要深入开展网上舆论斗争，严密防范和抑制网上攻击渗透行为，组织力量对错误思想观点进行批驳。”“做好网上舆论工作是一项长期任务，要创新改进网上宣传，运用网络传播规律，弘扬主旋律，激发正能量，大力培育和践行社会主义核心价值观，把握好网上舆论引导的时、度、效，使网络空间清朗起来。”

要建设网络良好生态，使网络空间清朗起来，着重要做到：

一是善于通过网络走群众路线。习近平总书记认为，善于运用网络了解民意、开展工作，是新形势下领导干部做好工作的基本功。因为：网民来自老百姓，老百姓上了网，民意也就上了网。群众在哪儿，我们的领导干部就要到哪儿去，不然怎么联系群众呢？各级党政机关和领导干部要学会通过网络走群众路线，经常上网看看，潜潜水、聊聊天、发发声，了解群众所思所愿，收集好想法好建议，积极回应网民关切、解疑释惑。

二是要依法加强网络空间治理，加强网络内容建设。网络空间同现实社会一样，既要提倡自由，也要保持秩序。自由是秩序的目的，秩序是自由的保障。习近平总书记认为，网络空间是亿万民众共同的精神家园。网络空间天朗气清、生态良好，符合人民利益。网络空间乌烟瘴气、生态恶化，不符合人民利益。谁都不愿生活在一个充斥着虚假、诈骗、攻击、谩骂、恐怖、色情、暴力的空间。因此，要本着对社会负责、对人民负责的态度，依法加强网络空间治理，加强网络内容建设，做强网上正面宣传，培育积极健康、向上向善的网络文化，用社会主义核心价值观和人类优秀文明成果滋养人心、滋养社会，做到正能量充沛、主旋律高昂，为广大网民特别是青少年营造一个风清气正的网络空间。

（四）大力提升网络应用能力

在"4·19"讲话中，关于提升网络应用能力，习近平总书记突出强调的一点，就是网信事业发展必须贯彻以人民为中心的发展思想，让互联网更好造福人民。

一是互联网发展要服务于提升经济发展新动力。习近平总书记强调，我们要加强信息基础设施建设，强化信息资源深度整合，打通经济社会发展的信息"大动脉"。党的十八届五中全会、"十三五"规划纲要都对实施网络强国战略、"互联网+"行动计划、大数据战略等作了部署，要切实贯彻落实好，着力推动互联网和实体经济深度融合发展，以信息流带动技术流、资金流、人才流、物资流，促进资源配置优化，促进全要素生产率提升，为推动创新发展、转变经济发展方式、调整经济结构发挥积极作用。

二是要让亿万人民在共享互联网发展成果上有更多获得感。习近平总书记强调，要加大投入力度，加快农村互联网建设步伐，扩大光纤网、宽带网在农村的有效覆盖。可以做好信息化和工业化深度融合这篇大文章，发展智能制造，带动更多人创新创业；可以发挥互联网优势，实施“互联网＋教育”“互联网＋医疗”“互联网＋文化”等，促进基本公共服务均等化；可以加快推进电子政务，鼓励各级政府部门打破信息壁垒、提升服务效率，让百姓少跑腿、信息多跑路，解决办事难、办事慢、办事繁的问题，等等。

三是要发挥信息在国家治理体系和治理能力现代化进程中的重要作用。习近平总书记强调，要以信息化推进国家治理体系和治理能力现代化，统筹发展电子政务，构建一体化在线服务平台，分级分类推进新型智慧城市建设，打通信息壁垒，构建全国信息资源共享体系，更好用信息化手段感知社会态势、畅通沟通渠道、辅助科学决策。

2015年12月16日，习近平总书记在第二届世界互联网大会开幕式上的讲话中指出：“现在，以互联网为代表的信息技术日新月异，引领了社会生产新变革，创造了人类生活新空间，拓展了国家治理新领域，极大提高了人类认识世界、改造世界的能力。”互联网作为新一代科技革命的代表性技术成果，在促进经济全球化发展、推动社会全面进步等方面日益发挥着惊人的作用，同时，互联网的迅猛发展和对社会生产生活的全面嵌入对国家治理体系和治理能力提出了新的课题和新的挑战。加强互联网建设和管理，积极引导互联网健康发展，确保网络信息安全，实现国家和社会长治久安，必然要求从事关党执政地位和执政安全的高度大力加强中国共产党网络执政能力建设。

第 1 章

如何总结互联网治理的中国经验

接入国际互联网 20 多年来，特别是党的十八大以来，在以习近平同志为总书记的党中央坚强领导下，中国立足现实国情和网络技术发展阶段，探索出了一条既符合互联网发展历史潮流，又有效保障国家安全和公民网络权利的互联网治理之路。互联网的开放性、匿名性、互动性等特征决定了互联网领域需要进行有针对性的治理。中国的互联网治理已经从稚嫩走向成熟，从摸索走向创新。当下，互联网治理已上升到国家战略。在世界范围内，中国已经走在了互联网治理的最前沿。与其他国家主要是西方国家相比，中国的互联网治理经验主要体现在治理理念、治理模式和治理策略三个层面。这三个层面相互联系，构成了具有中国特色的互联网治理体系。回顾和总结这些宝贵经验，将促使我们在互联网治理方面更好地进取和创新，使互联网的发展真正造福国家和人民。

一、互联网治理的中国理念

中国的治理经验首先体现在国家和社会对互联网治理的重视上。中国政府坚持积极利用、科学发展、依法管理、确保安全的方针，树立了不同于放任自由的互联网秩序观，将互联网治理上升到社会治理和国家治理体系现代化的重要战略层面。

（一）理念一：坚持发展与治理同步

从 1996 年国务院出台《中华人民共和国计算机信息网络国际联网管理暂行规定》，到 2006 年全国互联网站管理工作协调小组成立、《互联网站管理协调工作方案》出台，再到 2014 年 2 月中央网络安全和信息化领导小组的成立，中国的互联网始终被置于国家整体发展的大局之下，做到发展与治理。随着互联网技术的不断更新，特别是进入移动互联网时代之后，各种思潮、各种现象层出不穷，各种矛盾和冲突也都不可避免地汇聚在互联网这个传播平台上。尽管如此，中国没有因为其带来的负面问题采取消极回避的态度，而是在“边发展、边治理”的指导思想下，坚持互联网发展与治理的同步性，以发展为目的，在发展中解决问题，在治理中寻求发展。二十多年来中国的互联网发展成绩证明，坚持互联网发展与治理同步的做法是正确的。

（二）理念二：坚持依法保护和规范互联网言论

尽管互联网上会出现各种非理性的、歪曲事实的言论表达，但中国并未因此采取“一刀切”的方式加以限制，而是充分重视和发挥其在向政府反映社情民意、建言献策等方面的作用。2010 年 6 月 8 日，中国政府发布的《中国互联网状况》白皮书明确表示：“中国政府将坚定不移地维护公民依法享有的互联网上言论自由。”同时，中国坚持认为，互联网上的言论自由并不是毫无节制的，而是如同其他任何行为一样，都必须置于法制的框架内。2015 年 12 月 16 日，习近平总书记在第二届世界互联网大会开幕式上发表的主旨演讲指出，我们既要尊重网民交流思想、表达意愿的权利，也要依法构建良好网络秩序，这有利于保障广大网民合法权益。网络空间不是“法外之地”。网络空间是虚拟的，但运用网络空间的主体是现实的，大家都应该遵守法律，明确各方权利义务。要坚持依法治网、依法办网、依法上网，让互联网在法治轨道上健康运行。

（三）理念三：坚持弘扬正能量、传播主旋律

互联网的发展与应用所发挥的积极作用是显而易见的，但其对各国政治、经济、社会和文化秩序的冲击也是前所未有的，特别是在意识形态领域。对于中国来说，网络意识形态安全又具有特别重要的意义，因为从互联网进入中国之始，一些西方国家就寄望于它能够对中国的主流意识形态起到摧毁作用。网络空间斗争尖锐复杂，各种思想观念、学说和“主义”在互联网上相互激荡，都试图借助互联网在意识形态领域寻找自己的位置、扩大自己的受众，信息传播的速度和广度不易把控；同时，互联网信息来源复杂，还存在不少反动、迷信、黄色的内容。中国强调互联网应当成为传播正能量、弘扬主旋律的前沿阵地。在维护主流意识形态安全的前提下，努力实现“一元主导与多元共存”，通过加强网络文化建设，发挥先进文化在网络中的主流作用。

（四）理念四：重视维护网络主权和网络安全

互联网治理关系国家安全和社会稳定，关系国家主权、尊严和人民群众根本利益。中国政府从接入互联网那一刻起就高度重视互联网安全。近年来，随着互联网技术的发展，世界范围内的网络安全问题日益凸显。在中央网络安全和信息化领导小组第一次会议上，习近平总书记明确提出“没有网络安全就

没有国家安全”的重大论断。2015 年 7 月 1 日施行的新《国家安全法》首次以法律形式提出“维护国家网络空间主权”；《刑法修正案（九）》中也增加了对网络安全的诸多规定。习近平总书记在第二届世界互联网大会上，旗帜鲜明地提出尊重网络主权原则，从根本上动摇了美国网络霸权根基，赢得了世界绝大多数国家的高度赞誉和认可。网络强国战略被纳入“十三五”规划纲要，中国明确将保障国家网络空间安全作为“十三五”重点实施工程。此外，中国首部“网络安全法”正在积极推进之中。这充分反映了中国保障网络安全、维护国家利益的国家战略与国家意志。

（五）理念五：倡导并坚持开放、合作、共赢的全球互联网治理理念

中国一直倡导共同维护全球互联网安全，共同促进全球互联网发展，共同分享全球互联网机遇和成果，在国际交流合作活动中提出了互联网治理的中国主张。习近平总书记指出，国际社会应加强对话合作，推动互联网全球治理体系变革，共同构建和平、安全、开放、合作的网络空间，建立多边、民主、透明的全球互联网治理体系。在第二届世界互联网大会上，习近平总书记特别提出推进全球互联网治理体系变革的“四项原则”和构建网络空间命运共同体的“五点主张”，为全球互联网新型治理体系建设提供了基本遵循。同时，中国积极稳步地

参与国际交流合作，随着国内互联网建设的发展不断提升和扩大互联网国际交流的层次和空间。近年来，中国积极搭建互联网治理中国平台：2014 年 11 月，首届“世界互联网大会”在浙江乌镇举办。随后，中国先后举办了首届“中国—阿拉伯博览会网上丝绸之路论坛”“中国—东盟网络空间论坛”“中美互联网论坛”“中英互联网圆桌会议”“中韩互联网圆桌会议”等。中国政府及民间互联网组织积极参与“信息社会世界峰会”“全球互联网治理论坛”等国际组织合作。中国还高度重视与互联网名称与数字地址分配机构（ICANN）、亚太互联网络信息中心（APNIC）、万维网联盟（W3C）、互联网协会（ISOC）、互联网架构委员会（IAB）、国际互联网工程组织（IETF）等国际互联网行业组织的交流合作。通过这些不同层次的国际交流合作，中国保持与不同国家政府、机构、专家等之间对话渠道畅通，阐明中国互联网治理理念主张，增进彼此的了解和理解，学习先进治理经验。

二、互联网治理的中国模式

从我国互联网治理的历史来看，在依靠政府制定法规和行政规章，通过行政命令进行“自上而下”的管制的同时，互联网运营企业和个人的主动性并未被忽视，而是发挥着“自下而上”的补充作用。这种集合的治理模式既解决了参与各方的利益共享平衡问题，又保证了模式可实际操作的效果。欧盟副主席代表康斯坦丁·冯·奥兰治·拿骚（Constantijn Van Oranje-Nassau）评价说，中国互联网治理模式堪称是完美的治理模式。概括而言，这一治理模式的主要特征是：

（一）建立统一的治理机构和工作体系

在每一个国家，政府在互联网治理上都扮演着重要角色。政府的作用主要体现在：第一，政府直接介入互联网治理的规章制度和政策的制定；第二，解决互联网产生的纠纷与问题。中国能够在较短的时间内取得互联网发展和治理的“双丰收”，得益于建立了统一的自上而下的互联网治理机构和工作体系。国家互联网治理领导机构从最初的“九龙治水”、效率低下，到成立由国家最高领导人担纲的中央网络安全和信息化领导小组及其办公室，统筹协调各个领域的网络安全和信息化重大问题，制定实施国家网络安全和信息化发展战略、宏观规划和重大政策。各省市也都按照中央要求成立了相应的领导小组和办公室，形成了一整套集中统一、高效运转的互联网治理工作体系。

（二）积极鼓励引导网信企业参与互联网治理

网信企业参与互联网治理，一方面可以视为一种自愿承担社会责任的自觉行为，另一方面也可以视为追求长期利益的逻辑必然。网信企业虽然是一种从事特定商业交易行为的市场主体，但是它也具有自身独特的文化属性和自我意识，其中最主要的内容就是企业对社会责任的认知和执行，因此它参与互联网治理是具有某种自觉性的。另外，网信企业为追求利益或者出于某种商业交易的目的也需要参与互联网治理。中国网信企业积极参与政府组织的专项行动和整治行动，加强技术手段和制度、机制建设，为行动取得预期效果提供了有力保障。“诚信自律同盟”“互联网反欺诈委员会”、网民权益保障计划等行动的开展，也体现出网信企业勇于承担更大的社会责任。习近平总书记在网络安全和信息化工作座谈会上指出，企业做得越大，社会责任、道德责任就越大，公众对企业这方面的要求也就越高。希望广大互联网企业坚持经济效益和社会效益统一，在自身发展的同时，饮水思源，回报社会，造福人民。这是对网信企业参与互联网治理的殷切期望和鼓励。

（三）发挥网民在网络空间治理中的积极性主动性

中国网民数量庞大，与互联网的黏合度代际升高。一方面，中国网民作为互联网服务和产品的消费者，为保护自身权益必然参与到互联网治理中来；另一方面，随着人类网络生存方式越来越成为一种常态的生活方式，由虚拟世界的认同感生发出来的对良好规范和和谐秩序的追求，成为网民参与互联网治理的道德动力。网民参与互联网治理主要有两种方式：一是网民自觉约束自己的行为。网民自觉遵守各类社会规范，弘扬社会主义道德风尚，客观理性发表言论，审慎使用各类互联网服务，警惕、辨识和抵制各类不良信息等，都是网民自律的表现。二是与网上的不法行为斗争。这既是网民自律的必然结果，也是网民参与互联网治理的积极形式。从当前来看，网民已经成为打击网络谣言、网络诈骗、网络欺凌等网络违法犯罪的重要参与力量，成为违法和不良信息举报的主体力量，在净化网络空间、推进互联网治理中发挥着积极正面的作用。

（四）以互联网推动国家治理现代化

在互联网治理过程中，政府、企业和网民等主体并非割裂的关系，而是一个多方互动、共享共治的过程。党和政府鼓励网民等主体通过互联网发出理性声音参与社会治理，发挥互联网作为保证其知情权、参与权、表达权和监督权的重要渠道作用。同时，党和政府积极利用互联网在推进政务公开、提高效能等方面发挥积极作用。习近平总书记特别强调，要把权力关进制度的笼子里，一个重要手段就是发挥舆论监督包括互联网监督的作用。要让互联网成为我们同群众交流沟通的新平台，成为了解群众、贴近群众、为群众排忧解难的新途径，成为发扬人民民主、接受人民监督的新渠道。针对通过信息化推进国家治理体系和治理能力现代化，总书记要求，统筹发展电子政务，构建一体化在线服务平台，分级分类推进新型智慧城市建设，打通信息壁垒，构建全国信息资源共享体系，更好用信息化手段感知社会态势、畅通沟通渠道、辅助科学决策。在实践中，一些地方党委政府通过贴吧、微信、微博等互联网平台，广泛收集民意、汇集民智，形成一套依托互联网的社会治理工作格局，为实现治理体系和治理能力现代化提供了重要经验。

这种治理模式，可以被归纳为政府主导、市场参与、多元共治、充分动员的治理模式。鉴于现阶段中国社会的基本发展阶段，政府在互联网治理体系中扮演着至关重要的角色，成立了一整套完整的机构，制定了相对完善的政策体系，保证了互联网发展初期，从匿名性的无政府主义状态迅速过渡到制度化和秩序性的状态。同时，引导互联网企业参与网络治理，发挥多个主体的治理作用，明确了政府干预的边界。

三、互联网治理的中国策略

在具体的互联网治理技术和手段上，中国不断在实践中进行创新，摸索出适合于中国实践的治理技术，注重运用多种手段，例如法律、行政监管相结合，实现彼此之间的优势互补，并且在实践中不断地积累经验，改革创新。

（一）综合运用多种治理手段

在互联网治理的实践中，中国政府能够综合运用法律手段、行政手段、行业自律、技术手段、公众监督、社会教育等多种途径，对互联网进行综合治理。

在法律规范上，互联网治理最基本的思路就是让网络空间“有法可依”。从互联网发展初期开始，中国就非常重视对互联网及其应用的立法监管，在网络架构、功能业务、信息内容等多个层面出台了法律。全面推进网络空间法治化，就要发挥法治引领和规范网络行为的主导性作用，按照科学立法的要求加强互联网领域的立法，严格执法，基础是按照全民守法要求，引导网民尊法守法，实现网络健康发展、网络运行有序、网络文化繁荣、网络生态良好、网络空间清朗的目标。

在行政监管上，主要表现为互联网行政监管机关依法对互联网经营单位的审批、许可、登记、备案、抽查、年检等活动。除了一般的行政监管活动之外，互联网行政监管机关也会在特定时期针对特定问题对互联网进行某种类型的集中整治活动，这种活动的目的是集中力量清除互联网发展过程中出现的棘手问题。

在行业自律上，中国互联网治理特别强调“加强行业自律，引导企业依法经营”。中国互联网协会等行业协会，先后制定并发布了《中国互联网行业自律公约》《互联网站禁止传播淫秽、色情等不良信息自律规范》《抵制恶意软件自律公约》《博客服务自律公约》《反网络病毒自律公约》《中国互联网行业版权自律宣言》等一系列自律规范。中央网络安全和信息化领导小组成立后，更加注重加强网络社会组织建设。2015 年 4 月，中国文化网络传播研究会成立，积极促进中华优秀文化的创造性转化和创造性传播。2015 年 8 月，中国互联网发展基金会正式挂牌，这是中国同时也是全球范围内第一家互联网领域公募基金会，通过整合社会资源、调动社会力量、运用网络传播规律激发正能量，弘扬社会主义核心价值观，关注并参与与互联网相关的公益活动，支持中国互联网事业健康发展。2016 年 3 月，中国网络空间安全协会正式成立，旨在促进网络安全行业自律，引导各类企业履行网络安全责任。截至目前，中国已有近 600 家网络社会组织。

在技术手段的运用上，中国在互联网治理过程中历来“主张合理运用技术手段遏制互联网上违法信息传播”。从技术手段遏制互联网上违法信息传播主要通过三个途径来实现：一是集中控制互联网的接入阀门。互联网貌似无国界，实际上国家可以通过对互联网入口网关的控制来阻断不受欢迎的 IP 地址和域名。二是通过各种监控、过滤和拦截技术来实现对网络空间的信息内容的净化。三是互联网使用环节上的实名制管理。目前，我国一些著名网站和论坛已经实行实名登录和留言。

中国互联网治理还比较重视公众监督的作用。中国互联网违法和不良信息举报中心充分发挥网民举报作用，2015 年共受理举报 100 多万件次，推动 17 个省（自治区、直辖市）设立了举报中心、228 家重点网站规范开展举报工作，指导各地各网站举报部门受理公众举报 2 800 万件次，在维护互联网信息传播秩序和网民权益、搭建公众参与网络治理的平台、建设文明健康有序的网络空间等方面取得了积极成效。

此外，在社会教育方面，中国互联网治理在加强管理的同时也积极通过社会教育的手段提高互联网从业人员和网民的素质。

（二）根据实际需要不断创新治理方式方法

中国互联网治理始终坚持学习与实践相结合，首先体现为中央领导人对互联网相关知识的学习过程。其次体现为政府的互联网立法过程的实践。一方面，互联网管理部门往往先采用政府规章或文件的形式对急需处理的问题予以规范，在执行过程中发现漏洞、积累经验、明确思路，然后在时机成熟的情况下通过更高层级的法律规范予以重新规定；另一方面，地方政府针对互联网问题的治理经验也会受到中央政府和部门的重视和借鉴。

中国在互联网治理上，注重结合新情况、新问题进行方法创新，实现了从整治到管理再到治理的发展路径。例如在网络舆情监控技术手段上，有计算机软件设计公司提供的付费监管软件、主流媒体设计开发的软件、高校或学术机构研发的软件、政府部门自身成立研发机构开发的软件。常用舆情监管系统有军犬网络舆情监控系统、麦知讯第三方网络舆情监控系统、红麦网络舆情监测系统、邦富舆情监测系统、美亚舆情监测系统等。同时以打造核心队伍和专门队伍建设，建立专人专岗、24 小时人工监测机制来实现创新技术与监测研判的结合。

（三）在治理实施过程中注重疏堵结合

值得注意的是，中国政府并非对互联网信息实行完全的控制，而是在坚持言论自由这一基本原则的基础上，按照现有法律的规定，通过行政和技术手段等对不法信息进行必要的管控。在很多情况下，对信息的管控往往成本和代价过高，不仅无法根绝不法信息的传播，而且可能还会误伤公众在互联网上的言论自由。为此，中国的互联网治理，在注重通过法律、行政和技术手段净化互联网的同时，也积极探索一些疏导网络信息和舆论的尝试。在成立互联网协会组织、发挥行业自律作用的同时，建立有效的网络舆论监测和引导机制。各地各部门对于网络舆情的关注度不断提升，许多地方专门建立了网评员队伍、网络发言人制度，对互联网舆论进行监督与引导。

在保证公民网络言论自由的基础上，中国力图引导民众自觉抵制分裂国家、分裂民族、散步恐怖主义、背离全人类基本价值观的网络非法言论，这些言论和信息，是全世界人民的共同敌人。解决这些信息传播问题，不仅仅靠简单的封堵和屏蔽，也要依靠社会民众传播正面的积极的价值观念，疏堵结合，综合治理；充分发挥“红色大V”、网络文明志愿者等力量在促进网络空间清朗、维护网络安全、培育和践行社会主义核心价值观等方面的积极作用。

从理念到模式再到策略，中国的互联网治理都为世界各国的互联网治理提供了有益的借鉴；特别是对于广大发展中国家，包括一些互联网发展相对滞后的发达国家，互联网治理的中国经验给他们提供了许多参考借鉴，使他们面对美国的网络霸权不至于惊慌失措、手足无措。当然，作为一个发展中的大国，中国正在探索着适合本土国情、经济社会发展水平的互联网治理方法，在这些探索的过程中不可避免地存在一些问题，但是同时更要看到中国所取得的成绩。中国互联网治理的这些经验，对于我们今后更好地推进互联网治理，乃至整个国家治理的现代化，具有重要的意义，对于国际互联网治理，也具有典范性借鉴意义。

第 2 章

如何推进网络空间治理现代化

随着网络信息技术特别是移动互联和新媒体技术的快速发展，一个承载着越来越多信息和活跃网民的网络空间，对现实空间的经济、政治、文化、社会、生态、党的建设等领域产生了越来越深刻的影响。党的十八大以来，以习近平为总书记的党中央深刻把握信息文明社会发展的新特点、新规律，成立了中央网络安全和信息化领导小组，阐释了网络空间治理主张和网络安全观，将加强网络空间治理提到了关系党的事业全局的新高度。

一、加强网络空间治理是提高党的执政能力的必然要求

中国共产党成为执政党，是历史的选择、人民的选择。加强党的执政能力建设，是时代的要求、人民的要求，也是社会发展的必然要求。当前，社会发展到网络信息时代，新生的网络空间治理问题对党的执政能力建设提出新的要求，党必须在新的治理实践中全面提高执政能力。

第一，加强网络空间治理是提高党在网络空间执政能力的必然要求。

政党的执政能力不是与生俱来的，也不是一成不变的，执政能力的产生、提高受到一定时空条件的制约，并随着时空条件的变化而变化。生产力是社会发展的最终决定力量，作为第一生产力的科学技术是推动时空条件变化的根本性力量。自政党产生以来，产生了精英型、群众型、全方位型、卡特尔型、网络型等多种类型政党，无论何种政党，要争取或保持执政地位，都必须重视科学技术发展所构造的时空条件，因地制宜、因时制宜，不仅要基于时空条件组织和宣传自己，还要基于时空条件回应时代的诉求、国家及人民的要求。

中国共产党自成立以来就非常重视科学技术发展所构造的

时空条件，无论是干革命、搞建设还是抓改革，都注意强调时间上的时代性和空间上的中国特性，最终走出了一条符合时代要求和中国特色的革命、建设和改革道路。只要中国共产党继续准确把握时代特点和中国国情，科学制定路线、方针、政策，做到既不割断历史、又不迷失方向，既不落后于时代、又不超越阶段，既不照抄国外、又不闭门造车，就一定能够领导国家和人民实现“两个一百年”奋斗目标，进而实现中华民族伟大复兴的“中国梦”。

当前，网络信息技术的迅猛发展构造了一个网络信息时代和容纳众多网民的网络空间。根据中国互联网络信息中心（CNNIC）发布的《第37次中国互联网络发展状况统计报告》显示，截至2015年12月，中国网民规模达6.88亿，互联网普及率为50.3%。[①] 网民的人均周上网时长达26.2小时，超过50%的网民认为自身依赖互联网。

面对网络信息技术所构造的新时空条件，中国共产党需要继续自觉把握网络信息时代的特性和网络空间的特性，回应这一新时空对党的执政能力的新要求，自觉适应网络信息时代、融入网络空间，就像毛泽东曾指出的那样：“我们共产党人好比种子，人民好比土地。我们到了一个地方，就要同那里的人

① 参见中国互联网络信息中心：《第37次中国互联网络发展状况统计报告》，见中华人民共和国国家互联网信息办公室网站，2016-01-22。

民结合起来，在人民中间生根、开花。”① 在网络信息时代，在网络空间中同网民结合起来，听民声、汇民智、聚民力，加强网络空间治理，在实践中提高党在网络空间执政能力。

第二，加强网络空间治理是提高党在现实空间执政能力的必然要求。

当前，中国共产党执政的战略布局是“四个全面”，在凝聚力量推动落实“四个全面”战略布局的过程中，中国共产党执政环境发生变化的一个显著特点就是，面临着一个现实与网络交联的双空间。对于一个习惯于在现实空间里治国理政并积累了丰富经验的执政党，如何在这种双空间环境中，完成“在现”现实空间治理的同时，协同推进“在线”网络空间的治理，成为一个重要课题。

由网络信息技术所构造的网络空间正在深刻地影响着现实空间，对现实空间中执政党的执政能力也产生了深刻影响。宣传、组织、统战是中国共产党革命和执政的传统优势。当前，由网络信息技术所构造的网络空间为中国共产党提供了新的执政空间，为宣传、组织、统战提供了新场域、新方式、新思路，但同时，也对中国共产党宣传、组织、统战优势形成了新挑战。

首先，网络空间给群众的意见表达和舆论监督提供了前所

---

① 《毛泽东选集》，2版，第4卷，1162页，北京，人民出版社，1991。

未有的便捷高效平台，直接生成网络空间舆论。网络空间舆论众声喧哗，既有理性合理的诉求，也有不合理甚至偏颇过激的主张，网络空间舆论场与现实空间主流舆论场的错位往往造成党群、干群对话的难度增大。更大的问题是，现实空间主流舆论宣传在网络空间中经常面临挑战、质疑、解构，网络空间舆论甚至还越过空间边界，从线上走到线下影响现实空间。因此，必须加强网络空间治理，特别要提升网络舆论引导力。

其次，网络空间的技术架构是一种开放、分布式的信息技术结构，具有去权威化、去中心化的特质，这使得组织严密的执政党在现实空间所形成的政治权威资源比较难以有效地移植到网络空间中。同时，网络新媒体让“人人都有麦克风”，个人和分散式的社会组织增强了能力，这给执政党组织动员造成了新的挑战：一方面，深受网络影响并在网络空间中活跃的年青一代党员个性化在增强，对党严格的组织纪律的认同和遵守存在一些问题；另一方面，网络空间中信息传播的开放、快捷、海量、低成本增强了群众获取信息的独立性，一些群众把网络空间视为信息获取、利益代表和表达的重要场域，认为“上访不如上网”“围观改变中国”，这两方面无疑都影响了执政党组织动员能力的发挥。

最后，改革开放以来，我国历经多重的社会变迁转型过程，即从农业社会向工业社会乃至后工业社会转型、从农村熟人社会向城镇陌生人社会转型、从封闭静态社会向开放动态社会转型、从同质二元社会向异质多元社会转型、从单位社会向新单位社会转型。持续的社会变迁转型逐渐形成了一个主体多元、利益诉求多样、思想观念多变的现实社会生态，这一社会生态通过映射在网络空间中形成了更为复杂的网络空间生态。面对网络空间这一复杂的社会生态，如何选择最大公约数，构建双空间统一战线成为新考验。

第三，加强网络空间治理是党长期执政的必然要求。

中国共产党是始终代表中国先进生产力的发展要求、始终代表中国先进文化的前进方向、始终代表中国最广大人民的根本利益的执政党。面对汇聚先进网络信息科技、多元文化和六亿多网民利益的网络空间，加强网络空间治理是党长期执政的必然要求。

首先，网络空间汇聚了先进生产力。网络是当今最活跃、最先进、最迅速普及的社会生产工具和生活方式，网络代表趋势、代表未来，网络空间的地位和作用亦将愈发凸显。作为始终代表中国先进生产力发展要求的执政党，必然要面向未来，自觉将网络空间作为执政新领域，不断加强网络空间治理，提升执政能力。

其次，网络空间汇聚了多元文化。在网络信息时代，推动社会主义文化大发展大繁荣应该包括网络空间中的文化繁荣。实际上，中国网络空间文化由于长期在没有专门政府部门的有效管理下“野蛮生长”，所以多元汇聚，鱼龙混杂。随着执政党网络空间治理能力的不断增强，领导政府监管、行业自查、个人自律逐渐走向规范化、常态化，网络空间中充满正能量的文化将不断增长、更加繁荣。作为始终代表中国先进文化的前进方向的执政党必然要进一步加强网络空间治理，牢牢把握住现实和网络双空间的文化领导权，引导文化为人民服务、为社会主义服务。

最后，网络空间汇聚了广泛的利益。当前，我国网民以10～39岁年龄段为主要群体，比例合计达到75.1%。数据分析表明，我国网络空间已汇聚了广泛的利益，尽管网络空间中的利益表达不代表所有民意，网络民情也不代表所有民情，但网民是人民群众中最敏感也是最擅长表达的群体，特别是10～39岁年龄段的5亿多网民不仅是网络空间中最活跃的利益表达者，也是现实空间中各项事业的重要行为主体，他们的利益诉求是反映社情民意的重要“风向标”和“晴雨表”。面向未来，虽然我国网民规模增幅持续收窄，但增量仍在继续，可以预见未来网络空间汇聚的利益将更加广泛，作为始终代表中国最广大人民的根本利益的执政党，中国共产党必须加强网络空间治理，不断畅通规范网络空间的利益表达，创新利益代表机制，在现实和网络空间始终密切联系群众，始终保持党同人民群众的血肉联系。

二、当前网络空间治理现代化面临的主要问题

自 1994 年中国全功能接入国际互联网以来，中国共产党领导国家和人民治理网络空间取得了令人瞩目的成绩，但网络空间治理的复杂性、动态性、探索性，使网络空间治理一直存在于发现问题、解决问题、出现新问题的循环之中。当前，网络空间治理的问题主要集中在安全、秩序和发展三个方面。

（一）网络空间安全形势复杂严峻

首先，在国家层面。习近平在主持召开中央网络安全和信息化领导小组第一次会议时强调要建设网络强国，而建设网络强国首要的前提是保证网络空间的安全。然而，我国网络空间的安全形势堪忧，主要表现为：（1）网络核心技术缺乏、关键基础设施受制于人；（2）网络基础服务管理话语权不强，特别在根服务器及互联网地址分配机构（IANA）的监管方面；（3）网络空间主权维护能力不强，面临多重挑战；（4）网络应用软件市场和技术被垄断，特别是 PC 和手机终端的操作系统方面；（5）网络空间攻防技术不够强，屡遭网络攻击造成大量泄密事件；（6）网络文化影响力不强。

其次，在执政党层面。网络空间安全的核心是网络主权，基础是信息安全，焦点是社会稳定，根本是政治安全和政权安全。对执政党而言，政治安全和政权安全关乎前途和命运，这些安全问题具体为：(1) 挑战党的意识形态，这种挑战既有内生性的也有外源性的，包括各种思潮、主义对马克思主义的批判，国内外一些机构和个人歪曲党史国史、抹黑党的领导人和优秀党员的个人形象，挑起重大理论争端、虚化共产主义信仰等；(2) 反对党的领导，包括夸大发展、民族、宗教、外交等领域问题，否定“三个自信”，片面进行纵横对比否定党的执政绩效，预测中国“崩溃”等；(3) 质疑党的路线、方针、政策等；(4) 削弱党的功能，主要是网络分流了执政党部分利益表达、政治社会化功能，以及网络的传播和技术逻辑部分改变了年轻一代党员的思想行为方式。

最后，在社会层面。现实是一个原子空间、网络是一个数字空间，由数字构成的数据是网络空间的资源形式。网络空间的社会安全首先表现为个人和社会经济、文化、公益等组织数据的安全问题，数据外泄不仅会危及数据相关个人和组织的财产安全，甚至还会危及个人的人身安全以及组织的发展安全；网络空间是现实空间的相对独立的映射和镜像，来源于现实，折射着现实，影响着现实。网络空间的社会安全还表现为网络公共舆论和群体性突发事件线下转化引起的网络管制风险。

（二）网络空间秩序尚未达到清朗标准

首先是网络空间的治理秩序。从世界范围看，主要网络强国在网络空间的治理秩序上已经形成如下可资借鉴的成果：（1）建构专业的网络治理机构；（2）制定治理网络空间的法律；（3）重视治理网络空间的部门协同；（4）提倡行业自律和公众参与治理；（5）加强教育引导。

比较国际经验，我国网络空间的治理秩序主要存在如下问题：（1）治理理念尚待进一步确立；（2）治理机制仍需进一步完善，我国网络治理长期存在缺乏国家布局和顶层设计，政出多门、职能交叉、权责不一、协调不畅、效率不高等问题，中央网络安全和信息化领导小组的成立有效整合了相关机构职能，形成从技术到内容、从日常安全到打击犯罪的网络空间治理合力，但问题的解决并不是一蹴而就的，多部门协调治理机制仍需进一步完善；（3）治理手段仍不够科学系统，突出表现在依法治理方面，存在上位法缺乏，部门层面法规多，有交叉、缺位、矛盾的现象。

其次是网络空间治理的秩序。网络的开放性、匿名性、互动性使各种思潮、各种观点，像自由市场中的商品一样随意呈现，在网络空间中恣意交流、交融、交锋，人们思想活动的独立性、选择性、多样性、差异性明显增强。在我国，网络空间治理的秩序问题存在深刻原因和特殊表现形式。复杂社会生态折射在网络空间中形成了更为复杂的网络空间生态。同时，由于现实空间诉求表达和争端解决渠道不畅等原因，诸多现实利益诉求竞相转移到网络空间中表达，使网络空间承担着相当繁重的回应现实的治理任务。更值得注意的是，时空压缩式的现代化使人们未及经过充分的思想和知识准备就迈入了网络信息时代，快速发展的网络空间在管治法律和制度尚未健全的情况下处于过度自由的丛林状态，导致网络谣言、网络暴力、娱乐一切等一系列问题，网络空间清朗起来仍需时间。

（三）网络空间发展仍面临诸多问题

首先，网络空间的基础设施建设薄弱。我国网络普及率为53.1%，主要发达国家网络普及率都超过了70%，韩国和日本甚至超过了80%。不仅如此，我国较低的网络普及率中仍存在：(1) 地区差异，全国31个省、自治区、直辖市中有19个省份低于全国平均水平，其中云南最低，为37.4%；(2) 城乡差异，城乡网络普及率差异仍有扩大趋势，由2007年18.6个百分点扩大至2016年近40个百分点。需要指出的是，非潜在网民中小学及以下学历、农民、60岁及以上的群体占比分别高达到59.2%、43.3%和36.7%，由此可以预见，未来非网民的转化难度将进一步加大，网民规模的增速将继续减缓。此外，数字鸿沟、网络普及率差异以及非潜在网民存量都限制了网络空间的规模、覆盖面和功能发挥；低人均带宽以及新一代网络技术研发、应用水平不高还会影响到网络空间的活力和运行效率；网络空间的基础设施建设存在各自为政、相互不兼容甚至不连通问题，网络空间碎片化、区隔化严重，统一、开放、清朗、有序的网络空间尚未成型。

其次，网络空间数据开发应用水平不高。我国在开放数据、开发数据、应用数据方面还存在一系列问题，如政府公共数据向网络空间开放程度不高、网络空间数据开发不够规范且技术水平不高、数据开发应用水平不高等。数据生产能力的快速发展与数据开发和应用能力的相对滞后已经成为网络空间发展的突出矛盾。

最后，网络空间的理论研究和思维推广不足。理论源于实践，总结过去、指导未来，理论在促进社会进步中的作用已经被实践充分证明了。在网络空间逐步覆盖现实空间各个领域的进程中，我们对网络空间这一新事物的理论研究仍然远远落后于发达国家，这种落后甚至比技术上的差距更大。与理论研究相关的互联网思维推广同样差距明显。在网络信息时代，以互联网为基础设施的网络空间，不仅仅是一个新空间，还代表新的思维模式，其特征是突破时间和空间的全连接和零距离，在网络空间治理以及其他与互联网相关的媒体、产业管理方面还需要继续推广互联网思维。

三、在全面从严治党中推进网络空间治理现代化

对比自1978年以来的8次三中全会改革，全面深化改革区别于以往改革的一个显著特点，就是改革处于网络信息时代，需要在现实与网络双重交联空间中进行，即不仅要通过全面深化改革推进现实空间治理体系和治理能力现代化，还要推进网络空间治理体系和治理能力现代化。办好中国的事情，关键在党。中国共产党是现代化的倡导者、领导者和推动者，面对双空间治理现代化的重任，必须加强全面从严治党。

（一）全面从严治党要适应网络空间治理现代化要求

建党90多年来，党的建设始终围绕中心、服务大局，是中国共产党领导的革命、建设和改革事业不断取得胜利的重要经验。新世纪以来，中国共产党从革命党到执政党转型，是党自觉适应时代和任务发展要求的结果。当今时代正处于从机电工业文明向信息文明过渡的阶段，工业化和信息化、现实与网络空间不断深度融合，对党的建设提出了新的要求，要求党的组织方式、活动方式、思维方式从机电工业时代向网络信息时代转型。

推进网络空间治理现代化是网络信息时代党面临的重要任务，党的自身建设也需要适应网络空间治理现代化的要求。治网要治党，治党要全面。全面从严治党应包括内容全面，即囊括思想建设、组织建设、作风建设、反腐倡廉建设和制度建设；形式全面，即采用活动式、常态式等各种形式；手段全面，既采用传统手段也采用新技术等手段，在推进网络空间治理现代化进程中特别要积极采用网络新技术新应用。

首先，利用网络信息技术改进党的建设。在世界范围内，数字党建、网络党建是一个潮流和趋势，到目前为止大体经历了三个发展阶段：第一阶段，无纸化办公阶段，即政党利用网络发送邮件，将会议纪要、公告、党的刊物、政党政策、政党简介、政党候选人信息数字化并在网络上发布等，这一阶段实际上是政党数字化阶段。第二阶段，交流互动阶段，政党建立自己的网站宣传政策、纲领和候选人，利用各种网络终端设备，通过即时聊天、论坛留言、电子邮件等方式进行民意收集与测验、在线交流，扩大政党的影响力。这一阶段是政党数字化之后介入网络空间的阶段。第三阶段，深度数字化重构阶段，即政党将党员、党务深度数字化，量化形成大数据。基于大数据分析把权力、权利、责任、义务关进大数据的笼子里，政党可以做到精确的政策制定、精准的舆论宣传、精确的党务管理、科学的决策分析、有效的执纪监督等。这种情势下，数据挖掘和数据治理能力就成为政党的核心竞争力。同时，建设云平台，实现包括网站、视频、图片、音频在内的全媒体互联互通和立体互动，搭建面向“PC＋移动终端”的云计算、云信息、云服务、云管理新型互动式党建运行管理模式。政党建设云平台通过统一标准、整合资源、优化流程、共享服务，推动政党建设工作更加科学、更加规范、更加高效，实现党在线、云在算的自动化、智能化状态。适应网络空间治理现代化的要求全面从严治党，不能仅仅停留在第一、第二阶段，而应该进入第三阶段，利用网络信息技术建设数字化、网络化的政党。

其次，以“互联网＋党建”推进党的建设制度改革。以互联网＋思想建设、互联网＋组织建设、互联网＋作风建设、互联网＋制度建设和互联网＋反腐倡廉建设，全面推进党的建设制度改革。为更好地推进网络空间治理现代化，进行新的“三湾改编”，探索把党支部建在网上或建在群里、建在工作圈里等，开展网上群众工作、建立网络空间统一战线、健全网络监督机制、改进网络空间舆论宣传方式。总而言之，要以网络推进党建创新，以党建创新强化组织保证，进而推进网络空间治理现代化。

最后，运用互联网思维促进党的建设创新。在网络信息技术迅速发展的新形势下，运用传统思维进行党的建设面临诸多问题，互联网思维作为网络信息技术催生的新兴思维模式，为党的建设提供了新的思路。例如，互联网思维的核心就是用户思维，产品设计、极致用户体验和口碑传播等，都离不开用户的参与。但用户参与并不是简单的建设社区和论坛，而需要整个组织的管理模式、研发模式、技术架构等都适应这种新的模式。其启示在于：网络信息时代，利益表达甚至比利益代表更重要，网络打破信息不对称，使党员和群众个体都获得更大的话语权，所以党的自身建设需要以党员干部为中心，党群关系建设需要以人民群众为中心，不断扩大和保障参与，凝聚共识、汇聚智慧和力量，不断增强党的生命力和战斗力。

（二）构建中国特色的网络空间治理现代化模式

习近平总书记强调，“没有网络安全就没有国家安全，没有信息化就没有现代化。建设网络强国，要有自己的技术，有过硬的技术；要有丰富全面的信息服务，繁荣发展的网络文化；要有良好的信息基础设施，形成实力雄厚的信息经济；要有高素质的网络安全和信息化人才队伍；要积极开展双边、多边的互联网国际交流合作”。建设网络强国“五个要”的落点应该是能力建设的现代化，即关键基础设施的保障能力、网络全球竞争能力、网络空间威慑力和网络空间治理能力的现代化。当前，我国面临的重大挑战就是网络空间治理体系和治理能力还没有实现现代化，网络空间治理的规律是动手不如动员，执政党之于国家和社会更适合作为网络空间治理“看不见的手”，领导加强顶层设计、部门协调和社会参与，全面推进网络空间治理现代化。

首先，加强顶层设计。网络空间不仅映射了现实空间的政治、经济、社会、文化等，而且还有自身独特的领域，所有这些领域在网络空间中突破时间和空间的全连接、零距离进行各种数据交换，所以，网络空间治理头绪万千、错综复杂，必须加强顶层设计。法治化是现代化的基本维度，加强顶层设计，全面推进网络空间治理现代化关键在法治领域。1994 年以来，我国陆续出台了一系列与网络管理相关的法律法规以及司法解释，并通过援引现实空间法律，为依法治理网络空间提供了基本依据，但这些依据既不够充分、也不够完善，需要对依法治理网络空间进行顶层设计，形成上位法与下位法、专门法与援引法以及法律与部门规章、规范性文件等法源之间协调统一的体系。此外，在网络空间治理规划、实施路径等方面也需要加强顶层设计。

其次，加强部门协调。现实空间是部门管理和部门划分十分明确细致的金字塔架构，而网络空间则是扁平化的结构，加上超时空全连接特性以及线上线下时空交叠的复杂性，大大增加了现实空间单一部门治理网络空间的难度，因此必须加强部门协调治理。从国际普遍的经验来看，网络空间治理的机构主要有两大类：一类是传统的政府部门，包括执法、信息、文化、安全、宣传等，主要负责网络行业发展的推动、网络空间环境的维护、网络空间犯罪的打击以及基础设施建设等网络空间公共物品的提供等；另一类管理机构应是针对网络空间设立的专门性机构，如互联网监控中心、网络安全运行中心等。实践中，两类机构治理都强调加强部门协调，即政府部门主导协调、电信监管机构广泛参与、公共事业机构辅助配合。我国则根据国情、网情成立了中央网络安全和信息化领导小组，这是党发挥集中统一领导作用优势，统筹协调各个领域网络安全和信息化重大问题的战略举措，更能够加强部门协调，全面推进网络空间治理现代化。

最后，加强社会参与。网络信息技术特别是新媒体技术的快速发展不仅增强了个体话语权和参与能力，而且还激发了个体的表达和参与热情，在网络空间中形成一种多利益攸关方和非利益参与者共同行动的现象。加拿大原创媒介理论家马歇尔·麦克卢汉在 20 世纪曾经预言，“随着信息运动的增加，政治变化趋向是逐渐偏离选民代表政治，走向全民立即卷入中央决策行为的政治”①。在网络空间中，传统时空限制下的部门、行业和地方议题不存在了，任何一项议题都是全社会、全国甚至是全世界的，所以，执政党领导网络空间治理的一个基本问题是协调参与者的行动，既包括自身作为参与者协调个人和行业自律，也包括协调参与制定治理政策、规则等。

① ［加］马歇尔·麦克卢汉：《理解媒介——论人的延伸》，25 页，北京，商务印书馆，2000。

（三）借助“第五空间”实现“第五个现代化”

当前，网络信息技术的发展已经超出网络空间的范畴，渗透进现实空间经济、政治、文化、社会、军事等各个领域，工业化融入信息化、信息化推动现代化已经成为当前全球发展的图景，现实与网络空间前所未有地交融在一起，网络空间治理也变得与现实空间治理一样重要，且相互关联度日益紧密。

面对现实和网络双空间治理格局，中国共产党所推进的国家治理体系和治理能力现代化必然要在现实和网络两个空间中协调展开，现实和网络双空间治理现代化是两位一体的现代化，不可分割也不能混同。

推进国家治理体系和治理能力现代化被外媒视为“第五个现代化”，而网络空间则被视为继陆、海、空、天之后的“第五空间”，当“第五空间”遇到“第五个现代化”，或将给我国和中国共产党带来新的历史机遇。

必须抓住新机遇推进升级版现代化。在人类历史发展的长河中，新空间对老空间超越比比皆是，如文明的空间从埃及、美索不达米亚到希腊、罗马，然后到西欧、北欧再到新世界的北美，每一次新空间的拓展都是对老空间的超越；再如从陆地到海洋，从海洋到天空再到太空所形成的制陆权、制海权、制空权、制天权，每一次新空间的权力都实现了对老空间的超越。究其原因，历史上每一次新空间的产生都意味着新的技术变革、新的制度变革和新的思维变革，空间正是在变革中实现了超越。网络空间作为新空间，同样也承载着新技术、新制度和新思维的变革，不容否认，这些技术、制度和思维还存在着种种问题，但它们却是新空间治理现代化的基础，而且能够为现实空间治理现代化提供新的视角、思路和方法。

近代以来，在从陆到海再到空、天的空间竞争中，我们国家几乎是一步落后步步落后，当前，网络信息技术构造的“第五空间”是近代以来历史提供的第五次机遇，我们必须牢牢抓住，加紧建设网络强国，加强网络空间治理，全面推进双空间治理现代化，打造一个升级版现代化。

空间竞争涉及技术、制度和思维，聚焦为一点则为治理现代化模式之争。从 1840 年到 1949 年，我国一直在移植、模仿西方的治理现代化模式，但从未实现超越。1949 年，中国共产党执政之后领导国家和人民不断探索治理现代化之路，形成了中国特色社会主义这种治理现代化模式。百年以降，我国治理现代化模式走出移植、模仿，走到了创造，这也是为什么我们要坚定“三个自信”的重要原因。当前，网络空间的形成掀起了新一轮空间竞争，也掀起了新的治理现代化模式之争，我们必须抓住新机遇，迎接新挑战，构建中国特色的网络空间治理现代化模式，彻底扭转百年来我国在治理现代化模式之争中的弱势，实现从移植、模仿、创造到超越的伟大历史使命，为实现中华民族伟大复兴的“中国梦”奠定坚实的基础。

第 3 章

如何保障大数据时代党的执政安全

当今世界，随着互联网、物联网、移动通信和云计算等行业和技术迅速发展，“信息爆炸”的趋势日益显著，“大数据”概念的出现标志着人类社会大数据时代的来临。大数据时代对党的执政安全提供难得发展机遇的同时，也对党的执政安全带来严峻挑战。2015 年 9 月，国务院正式发布《关于促进大数据发展行动纲要》（以下简称《纲要》），《纲要》规划了国家大数据的发展战略，在全社会引起了广泛影响。《纲要》指出，要建立用数据说话、用数据决策、用数据管理、用数据创新的管理机制。增强网络空间数据主权保护能力，维护国家安全，有效提升国家竞争力。因此，对于身处大数据时代前沿的执政党而言，应该深入思考大数据时代执政安全面临的挑战，提出强化大数据时代执政安全的对策，其重大意义不言而喻。

一、保障大数据时代的政治安全

（一）大数据时代政治安全面临的挑战

1. 网络谣言丑化党和政府形象，挑战党的执政能力

当今互联网时代，网络等新媒体作为全新的信息传递途径，既可以被党和政府用来做强有力的正面宣传，也很可能被别的力量用来做颠覆性的宣传，诸如利用网络散布谣言、诋毁党和政府、组织抗议活动等。一些人不负责任地借助网络故意散布谣言，丑化党和政府的形象，企图搅乱人心，破坏社会秩序。一些人恶意炒作社会热点、焦点问题，捏造事实，煽动群众与党和政府的对立情绪，造成了很坏的社会影响。应该看到，一些网络谣言有着复杂的政治背景，表层看是冲击现有社会组织管理体系，其实质是挑战党的执政能力。

2. 利用互联网开展的“西化”“分化”、渗透的活动日趋猖獗，对我国政治安全构成巨大威胁

当代世界思想文化领域交流频繁、斗争深刻复杂，尤其是外部势力把我国崛起视为对其价值观和制度模式的挑战和威胁，加紧通过各种渠道进行渗透分化。一些西方势力叫嚣：“有了互联网，对付中国共产党就有办法了。”互联网等新媒体的出现，使得境外势力策划社会群体性骚乱事件、炒作社会热点问题有了新工具、新平台，利用互联网兴风作浪，方式更加灵活、活动更加隐蔽、遥控指挥更加快捷、散布谣言更加便利，危害不小。

3. 我国网络信息安全目前还相当脆弱

仅从互联网来说，芯片不是我们自己的，核心的应用系统、数据库、防火墙基本上也是外国的。这首先就给我国网络安全埋下了隐患。美国著名未来学家托夫勒说：“谁掌握了信息，控制了网络，谁将拥有整个世界。”美国等发达国家在世界上建立了多个大规模的监听机构，围绕地球飞行的人造通信卫星 24 小时全天候地收集通信秘密。而我国网络信息安全技术落后、管理陈旧、人才缺乏、安全意识淡薄，无疑会给我国政治安全带来巨大的隐患。

（二）保障大数据时代政治安全的对策

1. 实施国家信息安全战略

保障互联网时代我国政治安全，归根结底，要落实到国家信息安全战略的实施上。信息安全保障能力已经成为互联网时代一个国家综合国力的重要组成部分，成为影响国家大局和长远利益的重大战略问题。这个问题解决不好，将会严重影响我国政治安全。因此，必须从国家战略的高度来正视和解决信息安全问题，建立并实施国家信息安全战略。现阶段我国实施国家信息安全战略应着重做好以下三个方面的工作：一是加强领导机构建设和人才培养。强化党对国家信息安全工作的领导，建立集中统一、高效权威的国家信息安全领导体制。习近平总书记指出，中央网络安全和信息化领导小组要发挥集中统一领导作用，统筹协调各个领域的网络安全和信息化重大问题，制定实施国家网络安全和信息化发展战略、宏观规划和重大政策，不断增强安全保障能力。[①] 同时，建设网络信息化强国，要把人才资源汇聚起来，建设一支政治强、业务精、作风好的网络安全和信息化人才队伍，要培养造就世界水平的科学家、网络科技领军人才、卓越工程师、高水平创新团队。二是加强信息安全的监管与治理。要全方位实施集中统筹领导，从法律法规制度、体制机制、力量运用和操作规程，以及跨国联手合作等环节，构建各领域层次、灵敏协调高效的安全防控网[②]，建立有效的信息安全监管体系。三是加强信息安全核心技术研

① 参见《习近平谈治国理政》，199 页，北京，外文出版社，2014。

② 参见《总体国家安全观干部读本》编委会编著：《总体国家安全观干部读本》，86 页，北京，人民出版社，2016。

究。加强自主创新能力建设，加快发展自主可控的战略高新技术和重要领域核心关键技术，加强知识产权的运用、保护和科技保密能力建设，保障重大技术和工程的安全。①

2. 大力发展信息网络产业

西方发达资本主义国家凭借其信息优势，往往把网络作为推销其制度模式的新型工具和手段，并在某种程度上造成了社会主义国家对它们的“依附体系”，威胁到社会主义国家的政治制度安全。我们应该清醒地认识到，一个国家具有强大的社会信息能力和发达的社会网络化水平，不但是推动本国强大富裕的巨大动力，而且是构筑本国国家安全防线的坚固屏障。因此，必须大力发展我国的信息网络产业，不断缩小与发达资本主义国家之间的“数字鸿沟”。只有这样，才能摆脱“信息依附”的处境，确保我国的政治安全。

3. 树立网络主权观念

习近平总书记在第二届世界互联网大会开幕式上发表的主旨演讲中明确提出尊重网络主权等推进全球互联网治理体系变革所应坚持的四项原则。网络主权是国家主权在网络空间的体现和延伸，网络主权原则是我国维护国家安全和利益、参与网络国际治理与合作所坚持的重要原则。

---

① 参见《总体国家安全观干部读本》编委会编著：《总体国家安全观干部读本》，260 页。

主权平等是当代国际关系的基本准则，网络主权尤为如此。习近平总书记指出："每一个国家在信息领域的主权权益都不应受到侵犯，互联网技术再发展也不能侵犯他国的信息主权。"大数据时代的国家主权更突出地表现为网络空间的信息主权，即对领域内拥有任何网络信息的制造和传播的最高权力，对外有权决定采取何种方式和程序参与国际信息活动，并有权在国家信息利益受到损害时采取措施进行保护。因此，我们必须树立网络主权观念，充分认识到网络主权是国家主权体系的重要组成部分，有意识地加强对"信息疆域"的研究和控制，坚决防范和打击通过网络颠覆国家政权、破坏国家主权的一切行为，切实维护国家网络空间主权、安全和发展权益。

4. 积极参与网络空间国际合作

面对影响党和国家政治安全的因素国际化、网络化、复杂化的挑战，国际安全合作显得极为重要。特别是网络的开放性、跨国性决定了网络安全是全球性挑战，单靠一国之力难以有效应付，维护网络安全是国际社会的共同责任。为此，应该从战略上统筹考虑，积极参与网络空间国际合作，通过加强同各国的双边、多边网络安全对话交流和信息沟通，阐明我国网络空间治理主张；主动参与制定有关保障网络政治安全的国际标准和国际公约，扩大我国网络空间国际话语权和影响力，共同构建网络空间命运共同体；坚持开放、合作的态度，继续深入开展互联网国际交流合作，与广大发展中国家一起共同应对网络霸权、网络犯罪，打击网络恐怖主义，通过积极有效的国际合作，建立多边、民主、透明的国际互联网治理体系，共同构建和平、安全、开放、合作、有序的网络空间[①]，保障我国大数据时代的政治安全。

二、保障大数据时代的意识形态安全

（一）大数据时代意识形态安全面临的挑战

1. 西方国家通过大数据库进行意识形态渗透

当前，我国大数据安全形势不容乐观。我国网络和计算机信息系统的核心技术远远落后于西方发达资本主义国家，计算机网络的主要软硬件大都依靠进口，这些软硬件极易留下嵌入式病毒、可恢复密钥的密码、隐性通道等，存在较大的安全隐患和风险，大数据遭受损毁和泄露的风险较大。西方发达资本主义国家利用先进的大数据技术对这些泄露的数据进行分析，形成了一系列于我国不利的研究报告，从而削弱了我国在意识形态领域的主导权和话语权。

---

① 参见《总体国家安全观干部读本》编委会编著：《总体国家安全观干部读本》，155、156页。

2. 各种错误思潮充斥新媒体传播渠道

大数据时代来临前，党的意识形态工作部门通过电视、报纸、电台等传统媒体来传播主流意识形态，意识形态传播载体与传播内容高度统一，主流意识形态的吸引力、感召力、凝聚力较为强大。但是在大数据时代，互联网、微博客、网络论坛、微信等新媒体的出现极大地拓宽了意识形态传播渠道，由于这些新媒体具有低门槛特征，其自然成为各种思想理论汇集的场域。同时，当前各种非马克思主义思想以及反马克思主义的思潮充斥新媒体空间，容易让人们陷入某种思想认识误区，从而对马克思主义产生质疑、动摇甚至背弃。我国的主流意识形态的吸引力、感召力由此受到影响和挑战。

3. 大数据汇聚整合与关联分析力度不够

大数据时代，网络新闻跟帖、网络社区等网络舆情载体每天都会产生出海量数据。通过对这些大数据的汇聚整合与关联分析能够得出许多有价值的信息，有助于全面认识与准确把握意识形态工作对象，为意识形态工作者有效地开展意识形态工作提供有利条件。但是，对网络舆情载体提供的数据进行汇聚整合与关联分析是一项复杂的系统性工程，需要包括意识形态工作部门在内的多个部门的整合。但是，当前对大数据的汇聚整合与关联分析更多的是个别部门的“单打独斗”，这使得数据的整合力度不够、采集能力不足、分析水准不高，意识形态工作的实效性由此受到较大影响。

（二）保障大数据时代意识形态安全的对策

1. 提高大数据整合与关联分析能力

一是加快信息化建设步伐。加快信息化建设步伐有助于突破信息平台的横向和纵向互联技术瓶颈，形成党委和政府的上级同下级、同级不同部门数据资源共享共用格局。二是加强法制建设。在依法加强安全保障和隐私保护的前提下，运用法律手段打破部门在数据汇聚整合与关联分析方面的各自为政，进而消除信息孤岛。三是做好思想宣传工作，强化部门在数据搜集、整合、分析方面的合作意识。强化各部门之间的合作意识，不仅有助于降低搜集数据的成本，而且有助于提升数据的整合与关联分析能力，进而为意识形态宣传部门获取准确的数据分析报告，提升意识形态宣传工作效度奠定坚实的基础。①

2. 建立健全文化安全预警机制

没有意识到的风险是最大的风险。文化威胁的最可怕之处在于其“无形”，因此，在对抗文化威胁的整个过程当中，攻击或者防御都不是最重要的，最重要的是要感知到威胁的存在。大数据技术的发展能将文化的“无形”化为可以测量的“有形”，这为我们建立健全文化安全预警机制提供了良好的机遇。当前，我们必须建立健全文化安全预警机制以充分发挥大

① 参见吴家庆：《大数据与意识形态安全》，载《光明日报》，2015－10－14。

数据技术优势：一是构建完善的国家文化安全预警指标体系。完善的预警指标体系应充分反映大数据时代的文化发展新趋向，应切合"中国梦"语境，应涵盖社会主义文化发展的新领域，同时还应与国际接轨。二是建立高度网络化的文化安全预警平台。通过网络实时监控文化安全态势，采集文化安全运行数据，并对其中敏感、危险数据进行有效合理分析，发现潜在的威胁，发出预警信号，为文化安全监管部门提供可靠的信息来源。三是要建立完善文化产业安全法规。对内通过立法规范国内产业市场，通过制定相关文化产业政策保护及合理开发我国数字文化资源；对外要积极参与制定世界文化市场规则，维护我国国有文化企业在外的正当权益，为我国对外文化贸易"保驾护航"。①

3. 净化新媒体的传播环境

大数据时代，为切实增强主流意识形态的吸引力、感召力和凝聚力，维护党的意识形态安全，必须净化新媒体的传播环境。一是加大网络安全技术的研发力度。应该加强物理安全分析技术、网络结构安全分析技术、管理安全分析技术、技术系统安全分析技术等网络安全技术的研发力度，从技术层面阻止域外错误思潮通过网络平台进行域内传播，达到净化网络传播环境，增强主流意识形态吸引力、感召力和凝聚力的目的。二

① 参见吴家庆：《大数据与意识形态安全》，载《光明日报》，2015-10-14。

是创作优秀的网络文艺作品。应当坚持以人民为中心的创作导向，努力创作出有道德、有高度、有筋骨、充满正能量的网络文艺作品，提升网络空间的传播质量，净化网络传播环境。三是提高公众的传播素养。应当通过各种渠道开展公众传播教育，提升公众的科学传播意识，培育公众的理性批判精神，使其自觉抵制错误思想和错误思潮的影响。

4. 实施大数据建设工程

一是保障数据安全：夯实技术基础，应加大计算机网络攻击与侵入、计算机网络病毒及反病毒、加密与入侵检测等技术的自主研发力度，防止境外木马或僵尸程序通过控制境内服务器窃取核心和敏感数据；增强意识形态工作者的数据安全意识，加强对要害数据的监管，规避敏感数据的无序使用；加强数据安全立法工作，法律是维护数据安全的利器，当前要结合用户个人信息数据安全、数据跨境流动等热点问题制定和完善国家数据安全保护法律。二是布局国家大数据平台、数据中心等基础设施。加大大数据关键技术研发力度，建设融准确性、系统性与开放性为一体的国家大数据平台、数据中心，在风险可控原则下最大限度地推进公共机构数据资源集中向社会开放，从而减少民众对西方国家数据库的依赖，降低西方国家通过数据库对我国进行意识形态渗透的力度。

三、保障大数据时代的经济安全

（一）大数据时代经济安全面临的挑战

1. 破坏市场秩序，引发市场波动

重要的经济数据实质上可以反映国家宏观经济指标。判断国家经济走势，把控宏观经济离不开经济数据。如果有人提前获取了这样一个导航数据图谋不轨，就会搅乱市场秩序，引发市场波动。个别国家（如美国）有能力也有动机在中国制造经济不稳定，遏制中国发展的势头。如果将互联网大数据用于股市、汇市、期市中，中国的经济将被玩弄于股掌之中。经济秩序遭到破坏，政府的公信力就会受影响，国家经济安全就会受到威胁。

2. 泄露商业机密，尽失商业先机

在互联网环境中，每一次注册信息、浏览历史、消费记录等等都会被记录下来，这些信息将呈现一个人的行为习惯。一个人的兴趣喜好、社交关系、财产收支、性格取向甚至生理特征、个人隐私都将可以用数据挖掘分析得到。电子商务早已记录下每个人的历史的搜索行为、兴趣点、地域坐标、手机机型、使用的 APP，通过这些定向的技术手段推送适合不同人的广告。精准营销、个性化推荐会给用户带来使用上的便捷，也让企业用更低的成本获得更丰厚的利润，但同时，个人隐私安全成为极大问题。可以说谁拥有了数据资源优势和先进的信息技术谁就拥有了一个国家核心的商业资讯信息，对一国经济带来潜在威胁。

3. 控制产业链，破坏资源安全

在庞大的互联网交易下，商品的流转信息，产业链的运作，国家资源的数量、流转方向、城市物流节点布局都能从消费数据中分析出来。掌握了互联网数据意味着掌握了一个国家战略资源结构图。产业链布局往往是链条式的关联关系形态，以产业合作作为实现形式和内容的区域合作为载体。一旦掌握国家的资源流转中的薄弱环节，在战时就能轻松瓦解国家安全和党的执政安全。

（二）保障大数据时代经济安全的对策

1. 完善我国经济安全保障体系

《纲要》指出，加强大数据环境下的网络安全问题研究和基于大数据的网络安全技术研究，落实信息安全等级保护、风险评估等网络安全制度，完善大数据经济安全保障体系。建立大数据安全评估体系，切实加强关键信息基础设施安全防护，做好大数据平台及服务商的可靠性和安全性评测、应用安全评测、监测预警和风险评估。明确数据采集、传输、存储、使用、开放等各环节保障网络安全的范围边界、责任主体和具体要求，切实加强对涉及国家利益、公共安全、商业秘密、个人隐私等信息的保护。妥善处理发展创新与保障安全的关系，审慎监管，保护创新，探索完善安全保密管理规范措施，切实保障数据安全。

2. 提高大数据处理技术数据

相比美国的大数据计划，中国的发展还很落后。美国国家安全局在 20 世纪 80 年代首先开始了大数据处理的新纪元。后来陆续开始收集整理员工与顾客信息、情报机密、海量个人信息；再后来通过大数据库筛选通信、医疗、犯罪、金融、旅行和教育等记录来识别可疑人员，对阻止恐怖主义起到了相当大的作用。在技术这一环节中，人才的培养成为制胜关键。从技术角度，执行人需要理解大数据技术，能够解读大数据分析的结论；从管理的角度，执行人又要能够系统地了解整个行业的运行流程、经济运作方式，根据数据分析结果能够给出合理的应对政策。此类人才的稀缺性将制约大数据的发展。而中国的数据挖掘近几年才开始，发展水平还处于初期阶段。

3. 积极参与国际合作

目前，网络经济国际谈判主要集中在少数发达国家之间，这样的国际磋商机制与互联网的基本原则是不符的，不利于国际框架的形成。因此，我们要积极参与由各国政府、国际组织举行的双边、多边谈判和有关法规、标准的制定工作，努力建立一个国际社会普遍接受的网络经济国际框架，以便建立协调一致的全球网络经济环境。在这一过程中，必须坚持国家主权与网络主权原则，努力创建一个既适合我国国情，体现我国发展特色，又与国际接轨的市场环境与制度框架。

四、保障大数据时代的军事安全

（一）大数据时代军事安全面临的挑战

1. 大数据技术运用滞后

目前，我国信息产业发展相对西方发达资本主义国家差距较大，主要体现在：一是核心技术缺陷，国防和军事领域信息系统设备以及武器装备研制生产受制于人，大数据建设发展受限；二是数据存储功能弱，相对美军信息系统而言，差距较大；三是统一的技术平台难以创建，信息技术在军队的应用从一开始同样缺乏统一规范，导致现在系统无法从技术上解决兼容问题；四是大数据挖掘和分析技术水平不高，研制先进的大数据处理软件技术难度大，大数据信息量大而价值密度低，内在关联隐蔽，没有先进的处理软件就会导致有用数据挖掘困难。

2. 大数据技术观念淡薄

目前信息化建设大都局限在“＋互联网”模式上，基本没有涉及“互联网＋”平台，大数据建设尚处在起步阶段。传统治军模式仍占主导地位，军队管理者习惯于凭经验办事，靠感觉决策，最多是实施简单的量化管理，大数据观念十分淡薄。主要表现在：其一是不习惯，有的觉得用大数据方法来管理部队高深莫测，有的觉得大数据复杂不管用，还有的甚至拒之于门外，不愿意融入大数据系统之内；其二是不注重采集储存数据，导致数据采集量少，样式单一，有的单位一直处在传统管理模式之中，数据存储基本空白，还有的单位分不清数据有用无用，存在重复采集现象。

3. 大数据技术泄密风险大

其一是网络电磁一体化发展，出现严重的跨网渗透和无线入侵，甚至成为敌特摄取情报的主要渠道。其二是技术受制于人。我们过度寄厚望于尖端科技，自主研发的某个产品虽然单一性能高，甚至超过世界水平，但产业化、系统化发展缓慢，系统技术中空缺较多，尤其是高端信息产品不能自主，核心设备和大型信息系统维护严重依赖国外厂商，这些给我们军事安全埋藏了种种隐患。

（二）保障大数据时代军事安全的对策

1. 建立军事大数据关键技术和应用系统

大数据越是发展，越需要与之相匹配的技术手段和应用系统。我们要在掌握大数据收集、管理、分析、安全等技术基础上，综合运用生物、物理、数学和计算机科学等理论，重点围绕认知计算系统、跨文化社会影响及分析技术、脑科学及神经系统技术等新的大数据应用中的关键问题，从人机结合，从信息到决策的角度，分析细化支撑未来大数据发展的相关科学技术及研究领域，开展关键技术研发和应用，不断推动大数据发展。

2. 加强军事大数据信息安全管理

大数据技术是一把双刃剑，管理得当可事半功倍，管理不善则引火烧身。在大数据时代，国防信息安全直接关系军事斗争成败。世界各国和地区高度重视，纷纷发布了网络安全战略。军事大数据技术的介入，使国家信息安全问题更加突出。抓好大数据信息安全，在未来军事大数据技术发展中不可小觑。一要树立大数据安全观念，制定安全防护措施，防止数据泄露、被窃取和篡改；二要在网络空间的国际规则尚未完全建立的前提下，增强网络态势感知能力，开展国际合作和网络联合演习等，达成合作共识，实施网络联盟自卫；三要抓紧制定大数据管理的政策法规，清晰、精准、全面和透明地规范大数据使用；四要着重提高军事大数据攻防能力，随着军事大数据技术的发展，数据中心战将作为一种新的作战样式在未来战争中呈现，大数据也将随之成为一种新型武器，因此，加强数据攻防能力的研究日趋重要。

3. 加大军事大数据基础建设投入力度

大数据是未来发展方向，是影响未来战争胜负的关键技术。世界军事强国竞相投入巨资研发大数据技术。因此，我国军事领域大数据技术发展必须要加大投入，加强自主研究。一要研发自主的核心技术。开发大数据计算技术和软件，研发智能化工具，研究协同作战和训练的大数据化方法。目前，我国在少量数据分析、大数据处理、分布式计算、数据可视化等关键技术上与欧美国家差距较大。拉近差距的办法就是选准突破口，加强自主研发，研发出与欧美相抗衡的自主信息产业品牌，真正把数据主权掌控在手中。二要满足大数据技术发展的资金需求。在技术研究、技术实施和技术管理各个层面上，都要加大经费投入，为大数据技术发展创建良好的发展环境和发展通道。三要打造自主的基础平台。在关键核心网络平台的自主构建上，首先，要有步骤地推动国产化信息技术产品研发进程，研制成功后要投入市场接受实践检验，在竞争中不断修复和完善；其次，要加速发展绝对自主的信息系统和建立绝对安全的网络协议，用在高保密高敏感的军事领域，尤其是在当前信息系统自主发展技术难度大的情况下，创建安全的网络协议更显重要，做好 TCP/IP、DNS、路由器等核心协议的安全保障，大数据技术运行才会安全；最后，基础平台既要自主还要统一，必须打破军队部门壁垒，解决协作问题，形成可控的外部开放性和全面的内部开放性，真正实现一体化发展。

4. 搞好军事大数据技术发展的顶层设计

大数据之于信息时代，就像钢铁石油之于工业时代，是支撑国家安全和军队建设的战略资源。解放思想，创新思路，深化军事体制改革，制定战略发展规划，搞好军事大数据技术发展的顶层设计，是军队全面进行大数据建设的第一步。一要增强大数据意识，尽快制定科学发展规划，抓好顶层设计，部署军事大数据技术实施的整体战略。二要从军队编制体制改革入手，克服“条块”分割、机构重叠、职能交叉和效率低下的体制弊端，建立适合大数据技术发展的军队编制体系，形成横向到边、纵向到底、资源共享、覆盖全员的网络体制。三要实现数据的共享共用。所有数据都要能在全军范围内应用，既满足于预期用户需求，又能满足预期之外的用户需求。四要尽快统一数据标准，加强大数据资源的开发利用与大数据技术自主创新，保证部队现有和潜在用户都能发现和使用数据，保证大数据获取和利用的高效性。

第 4 章

如何运用大数据科学有效推进反腐倡廉

腐败是公权的私用，是通过公权的不当使用，直接或间接占有社会公共财富以及他人的利益。腐败是我国实现社会主义现代化过程中所面临的重大挑战，它在很多方面影响着政局稳定、民心所向以及社会安全。改革开放以来，我国综合国力显著提高，经济实力大幅增强，人民生活水平明显提升。伴随着这些巨大成就，国家政权的各个层面都出现了一批腐化官员。腐败现象与腐败问题的危害，正如习近平总书记在十八届中共中央政治局第一次集体学习时所强调的：大量事实告诉我们，腐败问题越演越烈，最终必然会亡党亡国。

2016 年 4 月 19 日，习近平总书记在网络安全和信息化工作座谈会上指出："我们提出推进国家治理体系和治理能力现代化，信息是国家治理的重要依据，要发挥其在这个进程中的重要作用。"在大数据时代，我们必须充分利用一切可能的先进科学技术，来推进反腐倡廉工作这一系统工程。大数据虽然在一定程度上为一些腐败分子提供了便利，给党和国家的反腐倡廉工作带来一定的挑战，但是它也在更大程度上为反腐倡廉工作提供了难得的机遇：大数据能反映腐败现象发生、变化的规律；大数据为反腐舆情的监测提供了新的技术条件；大数据的合理使用有助于腐败线索的发现和腐败案件的惩处；大数据可以为党员干部反腐倡廉教育提供便利。

腐败与反腐败是一个问题的两个方面，随着社会的进步二者呈现交互演进的趋势。党的十八大提出了"标本兼治、综合治理、惩防并举、注重预防"的"十六字"方针。大数据时代已经来临并将继续发展，要真正落实反腐倡廉的"十六字"的方针，必须充分利用它给反腐倡廉带来的难得机遇，克服其不利因素与挑战，不断创新和发展反腐倡廉的体制机制。

一、树立并贯彻反腐倡廉工作的大数据理念

新的时代境遇带来新的实践，新的实践呼唤新的理念。大数据的迅速发展及广泛应用，不仅改变着人们现实的生产和生

活方式，而且也在改变着人们的精神和理念。科学应对腐败在大数据时代的新变化和新趋势，无疑需要大数据理念来指引。只有树立和贯彻反腐倡廉工作的大数据理念，才能真正适应大数据时代反腐倡廉工作的现实需要。

（一）树立反腐倡廉工作的大数据理念

大数据记录了点点滴滴的与权力相关的行为。随着大数据的发展和广泛应用，在党和政府相关职能部门的行政管理、社会治理、执法办案、服务群众等具体工作中，都会留下大量的数据信息，这些信息对于科学推进反腐倡廉工作具有巨大的使用价值。当前严峻的反腐倡廉形势和任务，迫切需要相关职能部门积极创新监督理念，用信息化的手段和方法监督信息化系统中运行的权力。各级纪检监督部门必须适应形势发展的需要，解放思想、更新观念，积极树立大数据理念，主动学习和掌握大数据技术，充分认识到大数据的重要性，掌握运用大数据的工作方法。在此基础上，自觉把大数据理念贯穿到纪检监察活动中，运用大数据的思维和方法，对违纪违法问题苗头及早发现、及时处理。

（二）以大数据思维和方法引领反腐倡廉

党和国家反腐倡廉工作的目标，是发展和完善权力的运行制约和监督体系，尽快形成“不敢腐、不能腐、不想腐”的有效机制。目前我国反腐败工作还局限于个案反腐、权力反腐、网络反腐的低层级，很难适应新形势下反腐倡廉工作的实际需要。只有贯彻和落实反腐倡廉工作的大数据理念，运用大数据思维和大数据技术，通过对腐败行为的程度、量级以及腐败人员与团伙等方面进行科学的研究与分析，才能真正建构起反腐倡廉工作的体制与机制，才能切实提升反腐倡廉工作的效果。

对腐败行为，可以运用大数据的思维与方法，对围绕在涉嫌腐败的官员周围的大数据集，采用定量的方法加以科学合理的精确界定。惩治腐败也需利用大数据中的关联方法，找出一种腐败行为与另一种腐败行为发生的关联，努力让所有的腐败分子得到应有的惩治。运用大数据监督，相关职能部门也可以利用相关途径与机制，对有腐败苗头和倾向的干部及时进行警示和监督，避免其滑向腐败的深渊。

二、构建和完善反腐倡廉工作的预防机制

习近平总书记在中国共产党第十八届中央纪律检查委员会第二次全体会议上的讲话中强调指出："要加强对权力运行的制约和监督，把权力关进制度的笼子里，形成不敢腐的惩戒机制、不能腐的防范机制、不易腐的保障机制。"把腐败现象扼杀在萌芽阶段，防范和遏制腐败现象的发生与发展，需要充分

利用大数据的海量数据优势和迅捷的速度优势，构建反腐倡廉工作的科学预防机制。

（一）构建和完善思想政治教育和廉洁自律教育的平台

近年来，党的纪律之所以失之于宽、失之于软的重要原因在于一些党员干部的理想动摇、信念滑坡，促使产生最初的腐败动机。针对该情况，只有拓展党员干部思想政治教育、廉洁廉政教育的时间和空间，创新教育的具体方式和途径，才能进一步提升教育的效果，进而从思想源头上减少党员干部腐败现象的发生和发展。大数据以其技术优势和广泛的受众，在为思想政治教育与廉洁廉政教育提供技术保证的同时，也能进一步拓展了其时间和空间。

在构建和完善现有思想政治教育与廉洁自律教育网络平台的同时，充分利用移动智能，新建一批形式新颖、内容丰富、更新及时的教育平台，注重把马克思主义理论与中国具体实践相结合，努力构建立体交融、互为补充的教育平台。大数据技术下教育平台的载体已延伸至智能手机，只要有 Wi-Fi 网络信号和数据流量，党政干部随时都能接受教育。利用手机网络以及各种公众号对党员干部进行针对性的信息推送，将会起到很好的教育效果。针对目前党员干部的在线学习经常出现简单应付、流于形式、找人代学的不良现象，建立和完善教育平台的监督和监察机制，才能切实保证和提高学习教育的实际效果，进而在思想源头上减少腐败现象的发生。

（二）把握党员干部的思想动态和行为趋向

用传统的调查研究方法去获取党员干部的思想动态和行为取向，不仅需要花费大量的人力物力，而且也无法掌握党政干部的真实情况，为反腐倡廉提供情况的真实性也很难保证。大数据抓取信息的空间和时间比较灵活，既可以了解当前情况，又可以追踪党政干部思想和行为趋向的动态信息，所得出的分析结果，对于预测党员干部思想及腐败行为的发展趋势有很大的帮助。在此基础上，对那些思想存在问题、有腐败倾向的党员干部进行及时的警示与警醒，把问题解决在初始阶段，这不仅能有效预防腐败现象的发生与发展，而且也能对党政干部进行必要和及时的保护。

（三）推进国家治理体系和治理能力现代化

信息之于民主，正如货币之于经济。将政务信息置于公开透明的环境下，使社会各界及时了解公共权力的具体运作，能有效预防腐败现象的发生。此外，信息开放也是执政党和政府的一种自我保护方式，一些非政府造成的问题，政府也可以免背“黑锅”。近年来出现的“萝卜招聘”、娃娃公务员、权权交易、权钱交易、权色交易等腐败现象，与体制、机制缺乏透明有很大的关系。实现最大限度的政务信息开放，是国家治理体系和国家治理能力现代化的必然要求。将国家公职人员的招聘、干部的提拔与任用、项目的审批与监督等政务信息，以大数据的技术形式，向社会公开和公示，不仅会使不同政务部门之间的沟通和协调更为流畅、办公效率明显提高，而且也会进一步挤压腐败现象发生与发展的空间，有效提升预防腐败的效果。

（四）发展和完善党政干部、公职人员财产公开与监控制度

贪腐的目标虽然不全是财物，也有美色、权位等非财产性利益，但唯有财物的处置更为便利和隐秘。反贪如要彻底，则必须管住财富的流向、降低甚至消除财富来路和去向的隐秘性。由于特殊国情，大量的公有资产支配权掌握在少数公职人员手中，如果没有适当的监控措施，贪污腐败的出现并不令人惊奇。2013 年 11 月，党的十八届三中全会通过的《中共中央关于全面深化改革若干重大问题的决定》明确提出，要建立个人收入和财产信息申报系统。施之于党政干部和公职人员，其目的在于通过公职人员自己申报，配合相对独立的专门机构调查稽核，进而实现对公职人员的财产进行监控。在此基础上，可以充分利用大数据技术，进一步打造“廉政大数据平台”，随时监测特定部门和人员的公务活动情况，及时掌握对象的动态信息，并就廉洁情况做出评估和预测，力争在贪腐行为的社

会损害发生之前就得到有效控制。

三、发展和完善运用大数据查处腐败的机制

腐败行为的隐蔽性越来越强，很多腐败分子通过寻找和利用法律法规的模糊地带，以入股分红、证券买卖、特定关系人等新的手段收受贿赂、以权谋私。各种形式的隐性腐败对反腐败斗争形成了巨大挑战。但再狡猾的腐败分子只要产生腐败行为，不可能不被察觉，并以大数据的形式留下一定的痕迹与线索。大数据作为人类知识领域里的“新事物”，在为腐败分子提供可乘之机的同时，也为国家反腐倡廉相关部门科学寻找腐败线索、严格惩治腐败行为提供了便利。随着我国各个领域数据平台的建立和发展，大数据在发掘和惩治腐败分子、杜绝腐败现象中的作用将会进一步凸显。例如，积极利用大数据技术发现职务犯罪线索、获取侦查情报、分析职务犯罪形势，提高查处腐败犯罪的能力、科学决策的水平以应对日益复杂、多样化的腐败形势，等等。

（一）辅助反腐的科学决策

传统反腐决策的局限性在于：依据过于粗糙、不够精确、不够直观；职务犯罪侦查案件初查、侦查中缺乏全面的情报数

据，或者有情报数据没有充分挖掘利用；办案成本高；等等。习近平总书记在网络安全和信息化工作座谈会上的讲话中指出：“构建全国信息资源共享体系，更好用信息化手段感知社会态势、畅通沟通渠道、辅助科学决策。”运用大数据来智能化地服务反腐决策，可以弥补传统反腐决策的局限性，有利于反腐倡廉相关部门领导做出科学的决策。

（二）努力获取全面的反腐情报

在进行职务犯罪侦查中，为了调查清楚腐败犯罪，必须占有和掌握足够多的证据，因而关于涉案人员的情报越多越好、越详细越好，这样就能顺藤摸瓜、找到破绽。可以运用大数据技术建立国家公职人员的情报信息库，并由情报信息员或计算机网络机器通过采集官员的银行记录、航班记录、住宿记录、社交媒体的分享和聊天记录、手机通话记录、GPS 地理位置轨迹等信息，不断完善数据库。一旦有国家公职人员牵涉腐败，详尽的数据库信息将为办理职务犯罪案件的工作人员提供极大的便利。此外，还可以运用大数据技术对腐败分子进行“微表情分析”，从不同角度采集调查对象的身体动作和面部表情数据，将立体人的各项指标全部数据化，然后结合特定的规律，判断其心理状况，也能为反腐倡廉工作人员提供有益的参考。

（三）切实提高反腐倡廉工作的成效

科学技术的进步推动了惩治腐败的高效化，举报电话、电子邮箱、录音、录像、网络举报平台等大数据手段，大大增加了腐败信息的来源。目前，全国很多地方已经建立并运行了专门的纪检监察系统，通过这些系统，接收群众的投诉、信访、举报。同时借助网络的匿名性、隐蔽性来保护腐败举报人的安全，这样无疑会扩大腐败信息的来源。当前的关键是整合、分析、储存这些数据并更好地进行利用。运用大数据技术开展反腐倡廉工作，尽管前期投入或一次性投入巨大，但数据系统一旦投入运行，将会极大降低反腐倡廉的成本，明显提高反腐倡廉工作的实效。

四、完善大数据反腐倡廉的群众参与机制

中国的网络迅速普及，已经成为人们日常生活的一部分。同时，人们的公民意识不断被激发，政治参与意识愈发强烈。特别是一些年轻网民，越来越关注自身的政治权利，其思想观念、行为模式与网络传播交互作用，为反腐倡廉工作带来了难得的机遇。

随着大数据与信息技术的进步，网络正成为一种有效的反

腐监督手段，网络反腐、网络监督成为我们反腐倡廉的重要途径和形式，且发挥着重要的作用。但从根源看，这种日益重要的监督作用，来自使用网络的7亿网民。虽然网络上的信息有很多失真之处，但是网民之所以在网络上发表自己的看法，主要原因是现实中缺乏解决自己问题的渠道。有学者曾指出：一些政府网络常年没人专职管理，导致群众的举报信息石沉大海，不能进行及时处理，降低了网络反腐的效果，使网络这一疏导民意的重要渠道瘫痪，一些群众偏激的想法不能得到及时处理，不利于民意的疏导，导致上访量上升，甚至导致一些民众在极度失望后最终引发群体性事件。习近平总书记在网络安全和信息化工作座谈会上强调指出："让互联网成为我们同群众交流沟通的新平台，成为了解群众、贴近群众、为群众排忧解难的新途径，成为发扬人民民主、接受人民监督的新渠道。"只有立足于当今世界大数据发展的实际，针对当前存在的问题和不足，努力构建群众网络反腐与网络监督的新机制和新体制，才能充分发挥广大群众在反腐倡廉工作中的积极性，才能打赢这一场反腐倡廉的人民战争。

（一）重视群众在网络反腐与网络监督中的作用

民意古已有之，"水能载舟，亦能覆舟""得民心者得天下"等都反映出民意之重要。随着互联网的深入发展，网络民意往往成为现实民意的真实反映，它对许多个体事件的发展与变化都产生了深远影响。如若处理不慎，反映真实民意的个体事件就有可能会演变为群体性事件。习近平总书记在网络安全和信息化工作座谈会上强调指出，“网信事业要发展，必须贯彻以人民为中心的发展思想”，“善于运用网络了解民意、开展工作，是新形势下领导干部做好工作的基本功。各级干部特别是领导干部一定要不断提高这项本领”。

具体到反腐倡廉工作，应该努力做好以下几个方面：首先，要理性对待网络民意，不能无视其存在、置之不理，也不能盲从接受、偏听偏信。在网络论坛特别是微博、微信中，更多的网民习惯于潜水，习惯于浏览，对待一些网络投票和公共事件，选择沉默。因此，有时候网络民意体现的是利益攸关者的强烈表达，这样就会造成“沉默的螺旋”，使针对某一事件的舆论倒向发声的一边，而掩盖了沉默的大多数意见。其次，要设置专门的网络舆情收集与判断机构，及时回应网民关切。各级政府不仅要重视自身网站建设，而且还要开通官方微博、微信公众号等，通过多种平台及时回应网民的关切。各级信息部门要对网络民意中涉及的贪腐信息进行监测和搜集，对网络案件线索进行核查，使网络舆情成为纪检监察机关获取案件线索的重要渠道。最后，要通过网络渠道与网民形成良性互动，依托网络平台与网民进行良好沟通，应该可以得到皆大欢喜的结果。只要敢于正视网络民意，并把自己的身段放下，认真倾听网民意见，重视和认真解决网民反映的问题，我们的党和政府就会得到网民爱戴，受到追捧和“点赞”，也会在反腐倡廉工作中发现意想不到的线索。

（二）加强群众网络反腐与网络监督的硬件建设

当前网络反腐在很多方面的表现都不尽如人意，这既与有关部门、有关人员不够重视有关，也与网络反腐的硬件、建设滞后有关。网络上很多信息既是群众智慧的反应、民众集思广益的结果，同时也是对一些腐化变质官员不满的宣泄，也有可能是对自身所掌握腐败证据的公开晾晒。然而反腐倡廉相关部门，尤其是基层部门，由于网络硬件设备的落后，不能有效地收集和分析这些数据，进而在一定程度上影响了反腐倡廉的实际效果。针对这些情况，必须注重网络反腐的硬件建设和人力投入，建立网络执法队伍，保护举报人的权益，对网络举报渠道做到专人管理、及时处理、定期清理，通过新的技术手段方便群众举报，防止举报人隐私的泄露，保证网络反腐良好运行。

（三）加快对群众网络反腐与网络监督的制度建设

正当的舆论监督是必要的，也是政府和社会所提倡的，网络监督作为监督的一种方式，也受到社会的鼓励和支持。当前要健全网络监督制度，明确网络监督的正当性，使网络监督在正确的轨道上运行；要规范网络监督过程中出现的侵犯他人名誉和隐私的行为，避免一些机构和个人受到网络信息的恶意攻击，坚决打击利用网络信息进行不正当炒作和诽谤的行为，使网络监督和网络反腐的各个步骤都有程序可以遵守，都有规则可以遵循。在新的历史时期，网络反腐正成为反腐倡廉工作中的重要力量，可以抑制权力的不正当使用。网络媒体已经成为表达民意和网络反腐的重要渠道，成为反腐倡廉的重要力量。然而，由于当前缺乏相关的规范性制度文件，既有利用网络反腐的名义侵犯他人权利的事件发生，也有网络举报人被打击报复的事件发生。

习近平总书记在网络安全和信息化工作座谈会上指出："形成良好网上舆论氛围，不是说只能有一个声音、一个调子，而是说不能搬弄是非、颠倒黑白、造谣生事、违法犯罪，不能超越了宪法法律界限。"要想调动网民通过网络进行反腐的积极性，就必须对网络反腐进行制度上的规范，用制度来规范大家的行为，营造良好的网络环境，培养网民的网络道德，对不法行为进行惩戒，净化网络环境。对网络反腐的程序进行设计，制定适宜开展网络反腐与网络监督的程序，完善网络反腐与网络监督的相关制度。同时，还应该通过制度设计明确哪些腐败行为可以在网络上进行曝光，哪些行为属于私人行为和个人隐私不能在网络上曝光，这样既可避免引起腐败分子的警觉，造成重要证据的灭失，也可确保举报人及其近亲属的生命安全，避免举报人受到腐败分子的打击报复。

（四）引导网民养成文明上网的习惯

发展网络反腐要注重引导民众的行为，发挥网络反腐与网络监督的积极作用，使其在相关制度的监督下进行。引导网民提升自己的道德水平，清除网络是“法外之地”这一错误认识，加大网络文明建设的宣传力度，把握正确的舆论导向，宣传网络传播的正面效应，提倡理性思考，提高网络信息安全意识；引导网民对道德约束加以关注，在全社会形成文明上网的风气，引导社会形成维护网络文明的舆论氛围；引导网民遵守文明上网的规范，引导网民对网络信息进行辨析，增强网民的自律意识，不给谣言滋生的土壤。同时对网民的行为进行约束，自觉维护网络舆论环境，最大限度地发挥网络反腐的作用。

五、加强运用大数据开展反腐倡廉的顶层设计

“顶层设计”原本是一工程学术语，其延伸意义是指运用

系统论的方法，从全局的角度，对某项任务或者某个项目的各方面、各层次、各要素统筹规划，以集中有效资源，高效快捷地实现目标。运用大数据开展反腐倡廉工作，必须要占有大量而详尽的大数据资源。有关职能部门所掌握的大数据资源越全面，分析判断就会越准确。不同的事实数据互相补充、相互印证，可以促进反腐倡廉工作信息化与数据化的科学有效提升。迈入大数据时代，党和国家运用大数据开展反腐倡廉工作，必须统筹规划、注重顶层设计，通过规范、统一标准，强化整合、推动数据共享，加大经费投入和人才培养的力度，才能为进一步建立和完善运用大数据开展反腐倡廉工作提供科学的保障。

（一）统筹规划，设立规范统一的标准

目前，我国反腐倡廉不同职能部门之间，甚至同一职能不同级别部门之间的数据库、资源库建设在一定程度上还存各自为政的现象，技术标准也不尽统一。这不仅影响着不同职能部门、同一部门上下级之间数据库、资源库的互通与综合利用，而且还会影响运用大数据开展反腐倡廉工作的实际效果。基于这样的情况，以及反腐倡廉工作的实际需要，反腐倡廉工作的大数据硬件建设，必须坚持统筹规划，既要突出重点，又要注重均衡发展。对于基础性、整体性的数据库，应由国家最高机关在严格科学论证、统一规划的基础上予以集中建设，不同职

能部门及同一职能的不同级别部门，依据有关规则和制度进行共享。具体业务性的数据库建设，各地区、各部门按实际需要有选择地建设和共享。另外，在研发信息与数据系统时，要完善整体思路、重点任务、关键任务和先后顺序，注重系统的针对性、实效性和兼容性。

（二）强化大数据积累与整合，积极推进联建共享

目前，我国反腐倡廉工作有关部门，特别是基层单位和部门，大数据的保存意识、积累意识还较为薄弱，对社会生产及生活领域的数据重视度不够，没有充分发挥它们在反腐倡廉工作中的积极作用。针对该情况，必须从强化顶层设计着手，贯彻和落实大数据理念、科学运用大数据思维和方法，强化对大数据的分类保存，以新建数据库系统与整合现有数据库系统相结合等为基本措施，以推进社会商用大数据与党政机关的政用大数据联建共享为重点，整体协同推进反腐倡廉工作。具体来说，应注重以下方面：

首先，采取切实的措施，建立和完善相关的规章制度，加强与反腐倡廉工作相关联的大数据的保存与整合。当前电商企业依据网络用户浏览与关注商品的历史痕迹，对网络用户进行相关商品的广告推送的经验，值得反腐倡廉部门借鉴。其次，充分利用一切有利的因素，加强各种数据库的建设和整合。对现有与反腐倡廉有关的大数据系统和信息系统尽可能整合，实

现功能优化；充分发挥和融合社会力量、民用数据在反腐倡廉工作中的积极作用；通过对原有系统的整合，更好地服务于新建的大数据系统与信息系统。最后，建立和完善反腐倡廉有关部门之间大数据及信息资源共享的体制与机制。通过顶层设计，反腐倡廉有关部门要会同情报信息主管部门制定信息管理政策，借助行政手段强制推行大数据信息共享；明确情报信息部门为反腐倡廉工作应用信息共享的责任主体；信息资源管理部门与大数据所有部门通过数据互通互连，建立和完善业务协作关系，实现反腐倡廉有关部门之间的信息资源交换与共享。

（三）加大反腐倡廉大数据建设的经费投入和人才培养力度

大数据的硬件建设、建成后的维护和使用，不仅需要大量的经费支持，而且还需要很多的专门技术人才。以前我们对大数据技术在反腐倡廉工作中的作用认识不足，导致对大数据硬件建设与维护的经费投入不够，在一定程度上影响了其反腐倡廉工作中作用的发挥。在今后相当长的一段时间内，各级政府在大数据宏观政策制定以及财政预算方面，要充分考虑反腐倡廉大数据建设与维护的现实需要，加大财政投入以保证新形势下反腐倡廉工作的迫切需求。

习近平总书记在网络安全和信息化工作座谈会上指出，

“网络空间的竞争，归根结底是人才竞争。建设网络强国，没有一支优秀的人才队伍，没有人才创造力迸发、活力涌流，是难以成功的”。要取得运用大数据开展反腐倡廉工作的更好效果，必须加大专门人才的培养力度和引进力度。我们可以借鉴西方国家的相关经验，在高校和科研院所建立大数据实验室，开设大数据专业，对现有工作人员进行系统的培训和再教育，以强化其大数据意识及运用大数据开展实际工作的能力。培养的专门人才必须具备以下素质：一是反腐大数据软硬件的建设者、使用者和维护者要具备使用计算机的相应知识技能，能够熟练地搜集、整理和分析反腐倡廉的数据；二是要具备开展反腐倡廉工作的业务素质，能够适应新时期反腐倡廉工作的实际需要；三是必须具备过硬的思想政治素质和责任心，能够做好反腐倡廉重要信息的保密工作。这一点尤为重要，因为它事关党和国家反腐倡廉工作的成败。

运用大数据开展反腐倡廉工作，既是一个饱含生机与活力的新事物，同时也是一项机遇与挑战并存的系统工程。通过树立并贯彻反腐倡廉工作的大数据理念，发展和完善运用大数据开展反腐倡廉工作的预防机制、发掘和查处机制、群众参与机制，加强顶层设计为反腐倡廉提供科学保障，就能有力推进反腐倡廉工作的实际效果。

第 5 章

如何以互联网思维引领国家治理现代化

2013 年 11 月，党的十八届三中全会提出，将“完善和发展中国特色社会主义制度、推进国家治理体系和治理能力现代化”作为全面深化改革的总目标。这是中央文件中第一次明确提出“国家治理现代化”概念。作为一种治国理政新理念，国家治理具有特殊重要的意义。“治理”概念肇始于西方，主要目的在于通过多元主体参与的方式摆脱国家失灵与市场失灵，在实质上是一种国家、市场、社会、公民等多元治理主体平等参与社会治理的机制。因此，西方语境中的“治理”具有自由主义与多元主义的传统。在中国，我们讲的“治理”主要是在党和政府发挥主导作用的同时，强调社会、市场与公民等多元因素协商参与，从而增强决策的科学性与民主性。也就是说，在关于治理主体的理解方面，西方语境下的“治理”存在“泛中心主义”或“去中心化主义”的特征。而中国共产党所主张的“治理”概念，则强调“党委领导、政府主导、社会协同、公众参与、法治保障”的治理主体格局。因此，为了与西方“泛中心主义”或“去中心主义”的治理概念相区分，中国共产党侧重于使用“国家治理”，以此强调党和政府在社会治理中的责任性。另外，从范围上看，国家治理的内容包括政治、经济、文化、社会、意识形态、生态环境以及网络空间等领域，因此国家治理总体而言基本上涵盖了治国理政的方方面面。当然，党的十八届三中全会提出“国家治理现代化”这一重要概念，主要针对传统的社会管理概念而言，指的是更加强调多元主体参与的重要性以及在制度方面的体制机制的创新，目标在于打造有责任性、透明化、民主的、法治的治理格局。而从价值层面上看，国家治理现代化的出发点和落脚点在于完善和发展中国特色社会主义制度，体现中国特色社会主义的显著特征和独特优势。

一、自觉运用互联网实现国家治理的“升级换代”

时至今日，中国共产党在探索实现国家治理现代化方面取得了许多宝贵经验，有效促进了中国特色社会主义的发展。但是，国家治理仍然存在许多需要解决的问题。

第一，国家治理体系虽然已经初步建立，但是国家治理能力并未同步提升。国家治理体系和治理能力简单来说是指一个国家的制度体系和制度执行能力。国家的治理体系和治理能力是一个有机的整体，推进国家治理体系的现代化和增强国家的治理能力，是同一个政治过程中两个相辅相成的方面。只有良好的国家治理体系才能提高国家的治理能力；只有提高国家治理能力，才能充分发挥国家治理体系的效果。然而，当前我们面临的国家治理问题在于国家治理的制度执行能力相对弱化，这直接影响到了国家治理体系发挥作用、产生效果。正如习近平总书记所言："我们的国家治理体系和治理能力总体上是好的，是有独特优势的，是适应我国国情和发展要求的。同时，我们在国家治理体系和治理能力方面还有许多亟待改进的地方，在提高国家治理能力上需要下更大气力。"

第二，国家治理主要依赖党委和政府，社会参与度不够，协商治理程度较低。国家治理与传统的国家管理之间最大的区别在于治理主体的多元化，这是社会主义市场经济发展和社会主义现代化建设的必然要求。随着经济社会的发展，虽然多元利益主体已经出现，社会利益分化逐渐明显，但是这些多元利益主体参与国家治理的主观动力和客观能力都无法适应国家治理现代化的要求。一方面，这是因为当前多元利益主体参与国家治理的体制机制还不完善，制度平台尚未成熟；另一方面，则是因为当前中国社会力量发育不够成熟，公民公共意识薄弱。受此影响，国家治理依然存在严重的路径依赖现象，即党政包揽代替多元参与。长此以往，便导致党委和政府负担过重，国家治理的成本也随之提高。

第三，国家治理制度体系间尚存在不匹配、不衔接、缺乏有效联动的问题。国家治理所依赖的制度体系是一个复杂系统，内部包含多种相互影响的制度结构。国家治理体系是在党领导下管理国家的制度体系，包括经济、政治、文化、社会、生态文明和党的建设等各领域体制机制、法律法规安排，也就是一整套紧密相连、相互协调的国家制度。在国家治理的实际过程中，却不同程度地存在多种制度不相衔接甚至相互冲突的问题，从而容易导致“制度空转”与“制度悬置化”现象。为此，根据国家治理现代化的要求，需要在制度结构的顶层设计中做出相应的调整，还要弄清楚整体政策安排与某一具体政策的关系、系统政策链条与某一政策环节的关系、政策顶层设计与政策分层对接的关系、政策统一性与政策差异性的关系、长期性政策与阶段性政策的关系。既不能以局部代替整体，又不能以整体代替局部；既不能以灵活性损害原则性，又不能以原则性束缚灵活性。

第四，国家治理的政策措施、实施策略还需要进一步革

新。传统的国家管理模式主要依赖党委和政府通过自上而下的金字塔式结构进行组织动员、贯彻实施，强调控制与管制，习惯于对社会事务大包大揽，具有压力型体制与“项目发包制”特征。应该说，这种管理模式在特定情境下由于组织内部的强制力而具有十分高效的优势。但是很容易产生一些不可避免的副作用，比如体制内部下级对上级的信息隐瞒、形式化应付、执行偏差等问题。另外，这种管理模式客观上难以适应现代社会高速变化的节奏和日益扁平化的社会结构。所以，国家治理的现代化更加需要一种对话协商式的、可沟通的、上下互动的治理策略。

如何实现国家治理现代化，已经成为关系中国特色社会主义发展前途的重大考验。在这种情况下，我们迫切需要结合国家治理宏观形势的深刻变化，积极探索有利于实现“善治”目标的治理理念与制度。当前中国，互联网技术的迅猛发展已成不可逆转的大趋势，日益渗透到国家治理的各个领域。受此影响，网络空间与国家治理间形成双向互动机制。一方面，网络空间亟须成为国家治理的新领域，且由于主要基于现实生活经验而存在的传统国家治理模式难以适应以虚拟社会为特征的网络空间，所以国家治理面临新的挑战；另一方面，互联网技术的发展客观上拓展了国家治理的实施空间，丰富了国家治理的技术与手段，为国家治理迈向“善治”提供了条件与契机，因此国家治理的现代化变革又面临的新的机遇。互联网的迅猛发展深刻改变了国家治理的技术、内容、格局甚至是思维与理念。作为一种中性技术，如果网络空间能够得到有序引导，网络技术得到合适利用，网络思维得到充分发挥，那么国家治理就会达到事半功倍的效果。为了应对上述国家治理存在的弊端，网络时代的国家治理必须具有互联网思维，自觉运用互联网实现国家治理的“升级换代”，提高国家治理的现代化水平。

二、以互联网思维引领国家治理现代化的具体路径

具体来看，以互联网思维引领国家治理现代化的具体路径建议包括以下几个方面：

建议一：将网络空间治理纳入国家治理整体战略，加强网络治理顶层设计与制度建设。

根据中国互联网络信息中心（CNNIC）在发布的《第37次中国互联网络发展状况统计报告》显示，截至2015年12月，我国网民规模达6.88亿，互联网普及率为50.3%。互联网已经成为多数中国人的生活必需品和重要基础设施。可以说，中国作为全球网络大国的地位越来越稳固。与此同时，与

之伴随的问题是互联网技术对于国家治理的影响越来越深远。因此，在这种网络化大环境下，必须将网络治理视为国家治理的重要内容，上升到国家治理的宏观战略层面。

目前，世界上大多数发达国家都将网络空间视为贯彻国家意志的战略领域，都在顶层设计层面强化网络治理的制度化水平。建立由国家元首或政府首脑亲自挂帅的相关机构，推进网络治理的战略规划和顶层设计，是这些国家加强网络宏观治理的普遍做法。已有 50 多个国家颁布网络空间的国家安全战略，仅美国就颁布了 40 多份与网络信息安全有关的文件。如在克林顿时期，美国于 1993 年颁布了《国家信息基础设施：行动动议》，1998 年颁布《关于美国关键基础设施保护的政策》，2000 年颁布《保护美国的网络空间：信息系统保护国家计划》，这些宏观规划文件对于发展美国的互联网产业，保护其核心利益起到了重要作用，也为更为广泛的国家治理提供了制度依据。在奥巴马时期，美国进一步将网络安全视为网络治理的重中之重。2009 年美国组建网络战司令部，决定发展先发制人网络攻击能力；2011 年发布《网络空间国际战略》，将网络治理延伸到国际领域；2014 宣布启动美国“网络安全框架”，实施更为全面系统的网络安全规划。此外，英国作为互联网发展起步最早的国家之一，也设立了相关机构加强网络治理。比如，1996 年成立的“互联网监督基金会”，该基金会在英国工业贸易部、国内事务部和英国城市警察署的主持下开展日常工作。

网络治理是国家治理的题中应有之义。将网络治理纳入国家治理整体格局重点在于顶层设计。在这一方面，2011 年 5 月中国设立了国家互联网信息办公室，主要负责国家网络治理的战略发展；另外，为了更好地服务于国家治理，实现全面深化改革目标，2014 年 2 月，中央成立中央网络安全和信息化领导小组，习近平总书记亲自担任组长。该领导小组将着眼国家安全和长远发展，统筹协调涉及经济、政治、文化、社会及军事等各个领域的网络安全和信息化重大问题，研究制定网络安全和信息化发展战略、宏观规划和重大政策，推动国家网络安全和信息化法治建设，不断增强安全保障能力。领导小组的成立意味着党加强了对网络治理的领导，使得网络治理在国家治理中的地位进一步凸显。这些措施都是顶层设计方面强化了网络治理的战略地位。

但是，相对于国家治理现代化的要求而言，当前我国依然面临进一步加强网络治理制度建设这一问题。具体而言，网络治理制度建设的内容主要包括以下几个方面：**一是加强网络治理规划建设。**发挥好我们的政治优势和体制优势，以国家意志对网络空间治理统一谋划、统一部署、统一推进、统一实施。**二是网络治理责任明晰化。**从国家治理全局出发，科学划定网络治理权限，解决好网络空间跨部门、跨领域治理带来的瓶颈问题，清除网络治理空白地带，在预防、监控、日常管理、危机应对等环节建立起国家层面“跨域融合”的网络治理体系。**三是形成防建结合的网络治理体系。**网络安全与网络发展统筹协调，在制度设计过程中强化网络安全意识，既要建设能够有效保障网络安全的网络环境，又要建设能够充分发挥网络技术正能量的网络环境。

建议二，加快网络治理立法工作，为互联网领域的国家治理提供法治保障。

依法治网是确保互联网良性发展的基础，也是国家治理的基本要求。在互联网领域实现法治，就会降低国家治理的成本，控制好国家治理的风险源。通过依法治网实现“善治”是一条重要经验。美国就十分重视网络立法工作。美国的网络法律体系既有针对互联网的宏观的整体规范，也有微观的具体规定。美国通过的联邦法律包括《伪造接入设备及计算机欺诈与滥用法》（1984 年）、《电子通信隐私法》（1986 年）、《计算机安全法》（1987 年）、《削减公文法》（1995 年）、《信息技术管理改革法》（1996 年）、《国土安全法》（2002 年）、《网络安全研发法》（2002 年）、《电子政务法》（2002 年）、《联邦信息安全管理法》（2002 年）等。近年美国国会关于网络安全主要综合性立法建议包括《网络安全法案》（2012 年）、《确保 IT 安全法案》、众议院共和党工作组提出的综合性建议，促成了众议院的五个专门性法案以及奥巴马政府向国会递交的综合性网络安全立法建议等。其中，《网络安全法案》（2012 年）是美国第112届国会关于网络安全最重要的法案。除此之外，美国各联邦州也出台一系列规范互联网治理的法律，形成了一整套有效的网络法治体系。

习近平总书记强调："网络空间不是'法外之地'。网络空间是虚拟的，但运用网络空间的主体是现实的，大家都应该遵守法律，明确各方权利义务。要坚持依法治网、依法办网、依法上网，让互联网在法治轨道上健康运行。"时任国家互联网信息办公室主任鲁炜也指出："我们正在探索一条中国特色的治网之道。中国的治网之道其最根本的就是坚持依法治网"。① 依法治网可以说已经成为一种共识。我国的网络立法主要经历了三个阶段：第一阶段是1994年接入互联网至1998年组建信息产业部，这一阶段立法总数不多，内容较为笼统、模糊；第二阶段为1998年至2005年，基本建立了互联网内容管理制度，尤其是出台了我国第一部专门规范互联网的法律性文件《全国人民代表大会常务委员关于维护互联网安全的决定》；第三阶段是2005年至今，特别是党的十八大以来，全局性、根本性的网络立法工作开始启动，互联网法律体系基本成熟，并且不断加大网络执法力度，为创造清朗的网络环境提供了法治保障。

但是我国网络法治化的进程仍然无法适应国家治理现代化

① 鲁炜：《中国的治网之道最根本的就是坚持依法治网》，见中国网，2015-12-09。

的要求，网络立法的广度、力度、深度还不够，尤其是要在培育网络法治文化上下足功夫。未来中国网络法治化进程要不断加快、拓深。**第一，要将“六法一规”统筹考虑并积极推进立法进程**。这包括：“电信法”“网络安全法”“电子商务法”“个人信息保护法”“互联网信息服务法”“电子政务法”“未成年人网络保护条例”。**第二，加快完善相关司法解释**。如《刑法修正案（九）》《中华人民共和国电信条例》《计算机软件保护条例》《信息网络传播权保护条例》等。**第三，树立网络法治文化观念，践行“法律至上”原则**。这不仅是对网民的要求，也是对网络管理者的要求。**第四，开放立法过程，修订、完善法规要体现社会参与**。以社会协商参与为基础，为形成网络“良法”提供条件。

建议三，运用互联网技术鼓励多元主体积极参与国家治理，增强国家治理的协同性。

互联网技术的发展必然导致社会结构呈现扁平化趋势，这是不可避免的。与此相适应，在国家网络治理过程中，必须要发挥社会协同参与的积极作用。在西方大多数国家，多元主体参与是网络治理的共性特征，党、国家（政府、人大、法院）、市场（互联网企业）、社会（行业协会、公民组织）以及网民个人既是互联网治理的主体，又是互联网治理的客体。为了吸引公民参与，许多国家还主动开放重要门户网站和信息网站，建立与网民交流平台，使得社会各方意见和利益都能得到反映。

我国的互联网治理长期呈现出党政主导的特征，这是由我国的国情以及互联网发展阶段决定的，但是仍然需要强化社会协同治理的作用。多元主体参与网络国家治理可以有效发挥多元主体的各自优势：党委和政府掌握大量网络资源，行为具有权威性、中立性和强制性特征；互联网企业直接反映市场需求，具有灵活性、及时性特征；社会组织作为网络治理的中介力量，具有公益性、服务性特征。同时，多元主体参与还可以克服各自弊端，形成优势互补、扬长避短的网络治理结构。另一方面，多元主体参与应该体现在网络内容生产、内容监管、内容传播等各个环节与领域。

需要指出的是，互联网技术的发展客观上起到了一种技术赋权作用，即社会成员在掌握互联网技术之后，同时也意味着直接获得了了解、参与、监督政府公共行为的更为便利的渠道，也获得了呼吁和表达利益诉求的更为便捷的渠道。也就是说，在网络社会中国家治理必须走向开放、协商。国家治理要直面民主参与的压力，从客观上倒逼国家治理走向现代化。

不管是广义上的国家治理还是狭义上的网络治理，公民参与、社会协同都不可或缺。从总体来看，多元主体参与治理主要包括但不限于以下几点：**第一，党委政府要增强协同观念。**国家治理是整个国家范围所有利益行为体的共同事务，治理没有绝对的主客体之分，治理主体同时也是治理客体。国家治理具有互动性，因此国家治理并不是单向的，而是一个回馈与反应相互交织的系统过程。中国的国家治理必须要抛弃党和政府大包大揽的观念，而应该以一种开放的观念为引导强化社会协同意识。**第二，大力开发互联网技术的协同功能。**在做好信息安全和隐私保护的前提下，要尽量开放社会性、公共性数据资源，建立可供交流、有效反馈的数据平台，积极引入互联网技术参与社会事务。**第三，建设“上下一体、纵横协同、整合互动”化治理结构。**根据党政统筹、机构协作、网民参与的原则，积极吸纳市场和社会力量合作共治。政府要肯定技术创新、市场驱动和公民社会在网络国家治理中的地位和作用，放下身段，学会与其他治理主体相互合作、责任分担、妥协协商。当前，尤其需要政府门户网站与信息平台开放建设，通过公共网络渠道反映社情民意；出台制度措施，督促互联网企业履行治理职责；培养和信赖社会自治和自我净化能力，鼓励行业组织、公益团体多元发展，培育多元治理主体间的相互信任与合作意识。

建议四，加强互联网舆论与文化引导，巩固互联网领域主流意识形态主导地位。

习近平总书记指出：“随着互联网媒体属性越来越强，网上媒体管理和产业管理远远跟不上形势发展变化。特别是面对传播快、影响大、覆盖广、社会动员能力强的微客、微信等社交网络和即时通信工具用户的快速增长，如何加强网络法制建设和舆论引导，确保网络信息传播秩序和国家安全、社会稳定，已经成为摆在我们面前的现实突出问题。”一项调查显示，主流意识形态在网络舆论场的引导力存在弱化现象。当前，在我国的网络舆论场上，对于社会事件进行公共讨论的舆论氛围，已经在很大程度上取代了单向度的媒体新闻报道方式，媒体引导舆论的角色正在显著弱化。

互联网是文化传播与意识形态斗争的重要阵地。习近平总书记要求，“把网上舆论工作作为宣传思想工作的重中之重来抓”。由于互联网具有匿名性与强传播性特征，因此很容易成为各种观点、思潮交织交锋的重要领域。网络空间存在一定程度的失真、失衡、失序现象。从这个意义上说，互联网舆论环境的治理直接关系到社会主义核心价值观能否深入人心，我国的意识形态安全能否得到保障，这也就直接关系到国家治理的成效。

依法引导网络舆论，巩固主流意识形态地位，是网络国家治理的必然要求。近年来，我国不断加大对网络文化的引导，清朗的网络环境正在逐步形成。正如时任国家互联网信息办公室主任鲁炜所说：“党的十八大以来，中国政府确实加大了网上突出问题的治理力度，这是事实。特别是集中整治网络谣言、打击网络犯罪、打击网络色情，保护网民的合法权益、保护未成年人的健康成长，努力让网络空间逐步清朗起来，我们对网络乱象的治理取得了明显的成效。”[①] 在互联网领域，要敢于“亮剑”，敢于与不良信息、恶俗文化、虚假内容以及国外意识形态渗透正面交锋，同时还要主动培育和弘扬好社会主义核心价值观，运用新媒体新平台讲好、传播好“中国故事”，唱响主旋律，弘扬正能量，真正让网络空间中的“红色地带”越来越扩展，“黑色地带”逐渐消亡，“灰色地带”加速变“红”。

加强网络文化引导与意识形态工作，应当注重综合施策。**一是善于运用新媒体，掌握文化领导权。**通过政府网站、官方微博、微信、论坛贴吧、手机客户端等多种新媒体形式，积极关注网络舆情动态变化，掌握舆情变化规律，积极回应民情关注，尤其是注重对敏感问题、焦点话题的答疑解惑，引导网民理性发表意见；运用网民喜闻乐见的网络传播形式，如网络短剧、专题卡通片等，力求官方话语通俗化，打造接地气、广传播性的文化品牌项目，妙趣横生地解读政策内容，直言不讳地解答网民所虑，引导网民讨论积极向上。**二是加强网络执法力度，打击扰乱健康网络环境行为。**尤其是针对制造传播网络谣言、网络色情、网络犯罪、网络诈骗、网络虚假宣传等行为，依法严厉监控打击，并建立健全网民举报系统，对不法案件及时利用综合媒体手段予以通报，加强惩戒力度，借鉴诚信不良

---

① 鲁炜：《我们正在探索一条中国特色的治网之道》，见新华网，2015-12-09。

记录制度，将网络非法违法行为者纳入不良行为网民信息库，在贷款申请、行政许可、网络交易等领域设置限制措施。**三是抓好重点特殊人群，防范意识形态渗透。**针对青年学生、所谓“公知”、网络“大V”、“意见领袖”等特殊人群，采取有针对性的网络意识形态引导与斗争工作，积极探讨中国特色社会主义话语体系，运用中国“新概念新范畴新表述”说明自己，增强中国价值的说服力和认同感，引导好特殊人群向主流意识形态靠拢；尤其要防范国外意识形态渗透势力利用各种途径解构、歪曲、讽刺、捧杀主流意识形态，在全社会范围内加强党史、国史教育，引导网民客观理性分析国际局势，搞清楚弄明白思想领域的模糊点、迷惑点；充分吸收社会力量、专家智库资源参与网络治理，避免党和政府单打独斗、自说自话。

建议五，加强互联网治理人才队伍建设，推进网络执政能力与“互联网＋政府”发展。

互联网治理离不开人才培养与储备。所谓互联网治理人才，包括技术人才与管理人才两大部分，目前我国两大人才资源的储备远远不能适应网络国家治理的需求。根据中国人民大学劳动人事学院课题组2012年的调研报告，我国互联网技术人才明显不能适应信息产业经济发展的要求，存在结构不合理、高层次人才短缺、人才培养不力、人才评价机制缺乏、政府支持力度不够等问题。我国存在传统企业运用互联网的意识和能力不强、互联网企业对传统产业理解不够深入、新业态发展面临体制机制障碍、跨界融合型人才严重匮乏等问题，亟须加以解决。同时，党政领导干部运用互联网资源治理社会的能力也令人担忧。据2014年发布的《第36次中国互联网络发展状况统计报告》显示，2013年党政机关事业单位领导干部网民数量只占中国网民总数的0.5%，并且与2012年所占比例持平。有关调查也显示，当前领导干部互联网能力现状不容乐观。比如，中青年干部普遍认识到网络的影响力越来越大，普遍感受到来自互联网的压力；对于如何处理互联网存在的问题普遍感到经验不足，感觉到可利用的资源甚少。这些都表现出领导干部网络治理能力短缺、本领恐慌。

习近平总书记认为，技术和人才是互联网产业突破性发展、建设网络强国的关键。加强网络治理人才队伍建设已经成为提高政府网络执政能力与国家治理现代化的迫切需要。为此，近年来中国政府做了大量工作，重点培养网络基础设施关键人才，加速推进网军队伍建设，加大对领导干部网络执政能力培训力度。比如复旦大学2016年率先在全国成立大数据学院，运用综合学科优势培养网络人才；清华大学与国外著名学府首次联合培养大数据硕士；贵州大学、贵州师范大学等高校成立大数据教学科研单位，配合贵州省大数据战略规划实施。中共中央党校、国家行政学院以及各省市自治区党校也已经开设了“网络时代领导干部执政能力”“网络公共危机事件应急管理”等相关课程；等等。

长期来看，网络治理人才培养与网络执政能力建设应该至少采取以下措施：**第一，建立科学有效人才培养体系。**网络人才培养要因材施教，特别是针对在互联网领域有特殊天赋的人才要独辟蹊径、专门培养；要将互联网技术培养贯穿于义务教育、职业教育、高等教育全过程，提高全民网络技术普遍水平；要将网络执政能力培养贯穿于干部教育培训过程，根据互联网治理需求调整培训计划；建立科学人才评价体系和奖励体系，鼓励网络治理人才脱颖而出，尤其是加大对中青年干部网络治理能力的要求，在干部选拔任用体系中增加网络执政能力考量比重。**第二，大力推进“网络问政”。**各级党委政府部门应通过官方网站、政府信息网络平台，切实重视电子政务平台建设，大力推行政务公开工作。创新微博、微信等微媒介的互动模式，建立官方微媒介，展示一些政府部门主导的大型活动、便民服务，引导民众进行互动反馈。借力重点新闻网站的传播渠道，利用重点新闻网站开设的网络问政栏目，收集本地区的网络民意，积极安排相关的职能部门“认领”栏目，并及时报送传达网络舆情，及时回复民生问题，形成网络平台上的“投诉—处理—反馈”机制。**第三，综合利用网络智库资源。**聚合专家资源和社会人才资源，打造全面、高效、科学的网络智库平台。重大问题或一些特殊领域，适当引导专家或知识精英发声。利用新型的网络智库平台，为各领域专家提供一个话语平台，通过网络平台激发专家智慧，展示推广专家，鼓励专家为地方经济发展献计献策，建立网络数据库，并形成常态化机制。进一步在网络舆论引导或舆情应对中发挥专家学者的专业优势，舆情应对处置的头脑风暴中邀请专家参与指导。**第四，强化“数据治国”意识与能力。**将大数据作为国家治理“公器”，建立大数据国家战略，推动大数据信息的收集、分析、识别、应用、共享机制建设。**第五，“网上”“网下”互动治理。**领导干部要坚持网上与网下联动，在实践中运用好网络。领导干部运用互联网，一方面，要整合信息资源，听民意聚民智，掌握群众所需所怨所盼，理性思考，科学决策；另一方面，要充分发挥互联网的作用，顺民心护民利促民安，进一步密切党委政府同人民群众的血肉联系，促进党群干群关系和谐，把各方力量凝聚到谋发展促改革保稳定上来。

第 6 章

如何以信息化提升政府公共服务水平

《中共中央关于全面深化改革若干重大问题的决定》明确指出："科学的宏观调控，有效的政府治理，是发挥社会主义市场经济体制优势的内在要求。必须切实转变政府职能，深化行政体制改革，创新行政管理方式，增强政府公信力和执行力，建设法治政府和服务型政府。"服务型政府是现代化政府的突出特征之一，也是当今世界的发展潮流和共同趋势。当前，以互联网、云计算、物联网等信息技术汇合而成的"大数据时代"已经来临，日新月异的信息化管理手段，被越来越多的国家应用于本国政府公共服务的各个领域，信息技术正在影响政府公共服务的各个方面，一场政府公共服务领域内的重大革命呼之欲出。就我国目前发展形势而言，社会上下和广大群众对政府提升公共服务水平的期待空前高涨。致力于如何树立信息化服务理念、增强政府公共服务意识，致力于如何推行信息化服务、建设人民满意的服务型政府，致力于如何运用大数据手段、改革公共服务模式，致力于如何提升公共服务水平、以实实在在的新成效真正做到惠及社会取信于民，是当前和今后一个时期我国转变政府职能的主要努力方向。

一、当前政府公共服务信息化中存在的主要问题

随着我国全面建成小康社会决胜阶段的形势发展，公共服务需求的全面增长与政府公共服务供给不足的矛盾，已成为制约当前我国经济社会快速发展的一大瓶颈，并经常成为民众抱怨的主要话题。当前，我国政府在以信息化提升公共服务领域内存在的问题主要有以下几个：

第一，对政府公共服务信息化的深入性研究不够。一些地方政府对信息化尤其是通过信息化提升公共服务水平这一领域的研究部署相当滞后，远不能满足当前和未来推进国家治理体系和治理能力现代化这一历史任务和形势发展的需要。对信息化研究还不够深入、不够系统，对信息化与公共服务如何结合

缺乏广泛而全面的研判，对公共服务领域内的信息化建设问题还缺乏行之有效的理论指导；信息化与政府公共服务究竟如何结合起来并齐头并进，还不同程度地困扰着一些地方政府，导致其对本地的信息化公共服务缺乏顶层设计，因而不能够做到更协调、更全面、更科学地统筹规划本地的信息化服务工作，造成了当前我国政府公共服务信息化水平的参差不齐、差别悬殊；同时还由于理论研究的滞后，制约了我国政府公共服务信息化的积极探索与有效实践，延缓了我国政府公共服务信息化工作的整体进程，因而降低了我国政府满足社会和民众对公共服务整体需要的能力水平。

第二，对政府公共服务信息化的整体观念落后。政府工作信息化虽已启动多年，但不少地方政府观念仍旧滞后落后，对信息化理解肤浅，对公共服务信息化的重要性认识不够，对信息化所必需的投入心存疑惑，对信息化作用的认识带有片面性。究其根本，是一些地方政府没有把信息化提到战略高度认真对待，而只是把信息化看成是技术部门的职责，当作是“战术性”问题，而不是“战略性”的问题。其实，大数据时代，信息化和每位政府工作人员的日常工作变得日益紧密，每位政府工作人员都应是信息资源的管理者和使用者，技术部门只是整个信息化过程中的协调者和推动者。正是由于个别地方政府对公共服务信息化缺乏精确的认识定位，使得我国政府公共服务信息化的理念整体性不强，造成了不同地区、不同部门之间的信息壁垒，耗费了大量的资源，降低了国家治理体系的整体效能。

第三，政府公共服务信息化的广泛性程度不高。由于公共服务内容和形式的差异，使得信息化在政府公共服务领域内有着千差万别的表现，在有的公共服务领域内，如军队、警察、消防、交通与通信基础设施、邮电与气象服务、水、电、气等带有硬性基础保障性质的方面，目前已普遍建立起信息化公共服务网络平台。但由于长期受计划体制束缚和传统发展观念的影响，目前我国政府公共服务结构明显失衡，城乡差距、地区差距持续扩大，社会发展与经济发展相脱节，存在顾此失彼、畸重畸轻、有失和谐的状况，在一些明显具有柔性基础需求性质的方面，尚未真正实现公共服务的网络化管理和信息化共享，其广泛性程度普遍偏低，如在教育领域内教育资源的城乡差别问题、医疗卫生和社会保障领域内的区域差别问题等，正是这一突出问题的典型表现。

第四，政府公共服务信息化的持续能力不足。由于信息化必然带来政府施政行为更加公开和透明，因此信息化也就意味着权力暗箱操作行为的无处遁形，同时也意味着传统社会中那种常见的权力寻租空间及其可能性的大大压缩。大数据时代，政府公共服务的信息化就是要简政放权，也就意味着对这一部分政府工作人员既得利益的剥夺，这也就意味着这一部分政府工作人员因为不具备推进政府公共服务的能力而成为信息化的顽固障碍，也会因为其不愿意放弃对既得利益的占有而成为简政放权的巨大阻力。这就必然会在整体上压缩政府公共服务信息化的推进空间，进而降低政府公共服务信息化的持续性能力；再加上各地政府尤其是基层政府由于历史的、现实的原因所造成的整体教育文化水准不高，也反过来加重了地方政府公共服务信息化持续性能力的日益不足。

习近平总书记在主持召开中央网络安全和信息化领导小组第一次会议时指出：“没有网络安全就没有国家安全，没有信息化就没有现代化。”这一表述和定位，为我们正确看待信息化指明了方向。要充分认清当前我国政府在公共服务信息化领域内所遇到的突出问题，充分认清我国国家治理能力现代化所面临的形势和任务，充分认清做好信息化工作的重要性和紧迫性，找到、找好、找准应对我国政府公共服务信息化领域内诸多问题的科学对策。

二、以信息化提升政府公共服务水平的对策建议

根据世界发展趋势和我国目前发展现状，我们要以更加积极的姿态迎接大数据时代的到来，主动改进和提升政府公共服务的信息化水平和国际化水准，为此建议如下：

（一）进一步加大政府公共服务信息化工作的理论研究

没有科学的理论就没有科学的实践，理论研究跟不上实践的需要同样会影响甚至阻碍实践的发展。正如列宁所说："没有革命的理论，就不会有革命的运动。"[①] 在以信息化提升政府公共服务水平的过程中，与之相关方面的理论研究一定要先于工作的开展而进行，并且要保证理论研究的科学准确。

第一，当务之急是进行理论突破。一个时期以来，我国信息化理论研究突破不够，导致视野不开阔，认识能力也因而受限，思想反复，没有充分认识到中国特色社会主义发展的必由之路是信息化牵引下的中国特色的现代化道路。继美国提出信息高速公路计划之后，世界各地掀起信息高速公路建设的热潮，中国迅速做出反应。早在 1993 年全国信息化工作会议之后，"三金工程"全面启动，信息化建设实现良好起步，但理论研究没有跟上，一遇到一些瓶颈时，就产生犹疑和徘徊；信息化投入的效率评价不清晰，缺乏理论的引导，从而出现信息化不过是"锦上添花"的论调。我国过去一段时间的经济发展主要依靠人口红利和全球化红利，总体处在粗放经营阶段，没有从理论和实践的层面上澄清信息化是实现精细化管理和经

① 《列宁全集》，中文 2 版，第 2 卷，443 页，北京，人民出版社，1984。

营的关键手段这一基本共识。当前，我们虽然看到了中国经济转型升级的刻不容缓，却没有从根本上认清，信息化才是化解金融危机、推动产业结构转型升级的必由之路。同时，信息化发展到今天，我们有必要深入研究信息社会的问题、信息立国的问题、与时俱进的信息观和网络观等问题。只有理论突破、理论先行，才能科学制定未来发展规划，才能更好地推动信息化实践，进而更好地推动政府公共服务信息化工作的理论研究。

第二，重中之重是做好顶层设计。由于缺乏系统的理论指引，我国的政府公共服务信息化早期也只能是“摸着石头过河”，并没有设计出中国经济发展模型，政府公共服务信息化建设也就没有很好的顶层设计。从国家到社会，到行业，到企业，到个人，政府公共服务信息化要做些什么，达成什么目标，基本没有什么清晰的指标体系。政府公共服务信息化战略必须形成系统体系：既要有长远战略思考和政策引领，也要有五年规划和每年的工作计划；既要分步解决具体问题，还要有一个调整修正机制。2006 年，中共中央办公厅、国务院办公厅印发《2006—2020 年国家信息化发展战略》，明确提出：“整合资源，形成全面覆盖、高效灵敏的社会管理信息网络，增强社会综合治理能力。”可以说，该战略产生过重要的作用，但由于没有刚性要求的年度落实计划，没有具体的投资规划、项目规划、地方规划相衔接，执行落实打了很多折扣。尤其是国家层面没有一个与五年经济发展计划相配套的信息化发展规划，留下很多遗憾。今天，我们再次思考政府公共服务信息化发展战略，必须阐述清楚政府公共服务信息化与全面深化改革的关系：一方面，未来政府公共服务信息化建设的健康、有效推进，需要深化改革；另一方面，各方面深化改革，依赖于信息化发挥重要作用，当然也依赖于政府公共服务信息化作用的发挥。

第三，基本保障是健全工作机制。最近十年来信息化管理机构调整较多，从全国信息化联席会议，到国家信息化领导工作小组；从信息产业部信息化推进司，到国家信息化工作办公室，再到工业和信息化部信息化推进司。各地更是频繁适应，人员、机构还没到位，项目还没有开展，职能职责可能就发生变化了；机构调整太快，职能难以落实，导致信息化建设工作出现起伏。实践活动固然需要一个探索的过程，但这一过程确实影响了合力的形成，制约了发展。直到 2014 年 2 月，中央网络安全和信息化领导小组办公室（简称中央网信办）成立，才进一步理顺了工作机制和工作关系，进一步确定并公布了其职能职责，出台明确相关指导意见，各省市健全工作机构迅速得以建立。[①] 该机制运转两年多来，制定了全面的信息技术、

① 参见《中央网络安全和信息化领导小组成立：从网络大国迈向网络强国》，见新华网，2014-02-27。

网络技术研究发展战略，下大气力解决了一系列科研成果的转化问题；出台支持企业发展的政策，让它们成为技术创新主体，成为信息产业发展主体，成为维护网络安全主体；通过建立新的体制，实现军民优势互补、融合发展；制定立法规划，完善互联网信息内容管理、关键信息基础设施保护等法律法规，对重要技术产品和服务提出安全管理要求。以此为背景，在公共服务领域内，我国政府深入研究了"互联网＋益民服务"政策的理论基础和现实依据，提出充分发挥互联网的高效、便捷优势，提高资源利用率，降低服务消费成本，为进一步保障和改善民生奠定了坚实的理论基础。

（二）进一步树立政府公共服务信息化工作的先进理念

社会发展离不开理念创新，先进的理念往往能够使得事半功倍。在政府公共服务信息化的过程中，先进理念的重要性不可忽视，这就要求政府在提升公共服务水平之前，必须要牢固树立起有助于工作开展的先进理念。

第一，树立以人为本的服务理念。政府要重视与社会和广大民众之间的关系，要充分体现尊重。公共服务不管是由政府来提供，还是由非营利性的组织或私营部门来提供，都不要只将广大民众仅仅看成是生产者，还要把他们当作公共服务的享受者，纳税人有权力选择和参与公共服务的决策。在我国的公共服务理念中如何真正体现以人为本，也是我们提升政府公共服务水平的关键。同样，在政府公共服务信息化的过程中，也需要进一步树立以人为本的服务理念，切实把人当作服务对象，以满足人的需要为出发点和落脚点，让每个人真正体验到公共服务信息化带来的便利，真正做到改革开放的成果由人民共享。

第二，树立问政于民的主导思想。政府在制定和执行公共服务政策的时候，要注意吸纳广大社会和普通民众的意愿和力量来参与其中，并且让社会和民众与政府共享政策制定的权力，逐步培养整个社会和广大民众的责任和风险意识。社会和民众与政府分享公共政策的制定权，是国家治理体系和治理能力现代化的关键，是确保服务型政府的关键，还能够以此提高民众参与国家和社会治理的能力。此外，让民众参与公共政策的制定，在某种程度上会提高民众的社会责任感和主人意识，提高民众对政策的理解和接受能力；同时，民众参与也有助于增加其对政府的信任和支持。

第三，树立公共服务提供者的竞争意识。在一些不涉及国家机密和公共安全的服务领域内，可积极大胆引入竞争机制。欧美一些国家在公共服务领域的私营化运动，值得我们关注与思考，它们通过合同外包，让非营利公共组织、私营公司等通过投标与竞标的方式参与公共服务提供的竞争，广大民众有权利选择公共服务的提供者。与此类似，在我国国内的部分城市、部分领域的公共服务机制也可逐步引入竞争机制，有意识地打破政府对公共服务权力的垄断。当然，这还只是探索和尝试，至于具体如何运作、如何防范合同外包所带来的公共服务由原来的政府垄断转变为非营利组织的垄断等问题，也都应在竞争中加以预判和制约。

第四，树立公共服务提供者的担当精神。如果把公共服务领域比作为一艘大船，那么政府的角色应该是掌舵手而不是划桨手；如果把公共服务领域比作为一家餐厅，那么政府的角色应该是服务员而不是投资人。政府既要预测和把握社会发展的方向，还要为社会的发展提供所必需的优质的公共服务。在我国，目前预测和把握社会发展方向的问题不大，难的是应如何提供公共服务。政府应重新定位自己的重要职能——服务社会，切实转变政府工作职能，建立服务型政府。

（三）进一步提高政府公共服务信息化工作的广度和深度

在政府公共服务信息化的过程中，实现服务内容的横向与纵向的包容性连贯性，克服人为因素造成的“条块”分割和服务壁垒，打通不同地域不同部门不同行业之间的信息渠道，确保公共服务信息化工作的最大兼容量，从而提高政府公共服务的广泛性。为此，应从如下几个方面着手：

第一，推进政府网络化管理与服务。加快互联网与政府公共服务体系的深度融合，促进公共服务创新供给和服务资源整合，建构面向公众的一体化在线公共服务体系。积极探索公众参与的网络化社会管理服务新模式，充分利用互联网、移动互联网应用平台等，加快推进政务新媒体发展建设。切实加强政府与公众的沟通交流力度，提高政府公共管理、公共服务和公共政策制度的响应速度，提升政府的科学决策能力和社会治理水平，促进政府职能转变和简政放权。鼓励政府和互联网企业合作建立信用信息共享平台，探索开展一批社会治理互联网应用试点，打通政府部门、企事业单位之间的数据壁垒，利用大数据分析手段，提升各级政府的社会治理能力。

第二，推动便民服务业发展。发展和支持实体零售商综合利用网上商店、移动支付、智能试衣等一系列新技术，催生便民服务业，打造购物新模式。发展社区经济，在餐饮、娱乐、家政等领域培育线上线下相结合的社区服务新模式。发展共享经济，规范网络约车、租车，积极推广在线租房、赁房、售房等新业态，着力破除准入门槛高、服务规范难、个人征信缺失等瓶颈制约。发展基于互联网的文化、媒体和旅游服务，培育形式多样的新型业态。积极推广基于移动互联网入口的城市服务，开展网上社保办理、个人社保权益查询、跨地区医保结算等互联网应用，让老百姓足不出户即可享受便捷高效的服务。

第三，推动养老服务业发展。鼓励公共健康服务机构利用云计算、大数据等技术搭建公共信息平台，提供长期跟踪、预测预警的个性化健康管理服务。依托现有互联网资源和社会力量，以社区为基础，搭建养老护老信息服务网络平台，提供护理看护、健康管理、康复照料等居家养老服务。鼓励养老服务机构积极应用基于移动互联网的便携式体检、紧急呼叫监控等设备，提高养老服务水平。依托小城镇，发挥小城镇的辐射作用，拓展信息化资源空间，加快推进农村养老信息网络平台建设，注重从基础做起，逐步构建起相对完整的符合农村实际情况的养老服务体系，使农村与城市共享息化成果。

第四，推广在线医疗卫生服务。发展基于互联网的医疗卫生服务，构建医学影像、健康档案、检验报告、电子病历等医疗信息共享服务平台，逐步建立跨医院的医疗数据共享交换标准体系。积极利用移动互联网提供在线预约诊疗、候诊提醒、诊疗报告查询、药品配送等便捷服务。引导医疗机构面向中小城市和农村地区开展基层检查、上级诊断等远程医疗服务。鼓励互联网企业与医疗机构合作建立医疗网络信息平台，加强区域医疗卫生服务资源整合，充分利用互联网、大数据等手段，提高重大疾病和突发公共卫生事件防控能力。积极探索互联网延伸医嘱、电子处方等网络医疗健康服务应用。鼓励有资质的医学检验机构、医疗服务机构联合互联网企业，发展基因检测、疾病预防等健康服务模式。

第五，改进教育资源供给方式。鼓励开发数字教育资源，提供网络化教育服务。鼓励学校利用数字教育资源及教育服务平台，逐步探索网络化教育新模式，扩大优质教育资源覆盖面，实现教育资源共享，促进教育公平公正。鼓励学校通过与互联网企业合作等方式，对接线上线下教育资源，探索基础教育、职业教育等教育公共服务的供给新方式。推动开展学历教育在线课程资源共享，推广扩大在线开放课程等网络学习模式，探索建立网络学习学分认定与学分转换等制度，加快推动高等教育模式变革。

第六，开辟扶贫脱贫网络渠道。党的十八届五中全会指出：实施脱贫攻坚工程，要“建立健全农村留守儿童和妇女、老人关爱服务体系”。习近平在2015年中央扶贫开发工作会议上指出，“要坚持精准扶贫、精准脱贫，重在提高脱贫攻坚成效。关键是要找准路子、构建好的体制机制”。在大数据时代，扶贫工作也要树立信息化意识和“互联网+”思维，积极开辟信息化扶贫脱贫网络渠道；要归纳、采集贫困线以下人口和家庭的数据，建立贫困人口和贫困家庭情况动态数据库，对贫困人口和贫困家庭情况进行大数据分析，以利于从宏观上准确把握扶贫工作重点、科学选取扶贫工作模式以及有效采取适合的扶贫措施。

（四）进一步增强政府公共服务信息化的发展动力

政府公共服务信息化工作，是一项重大而艰巨的历史任务，需要有持续不断的服务能力。这种能力的维持，既需要公共服务内部各个层次的不断创新，又需要参与人员的能力素质过硬，还需要不断弥合城乡差别。只有做到这一点，才能保证我国公共服务信息化工作的动力十足。

第一，加强公共服务内部各层面的系统创新。一是在行政理念的层面上，网络技术以其所提供的信息知识和技术手段，在打破传统政府机关的物理组织界限，整合、贯通政府部门各流程的同时，有力地冲击了传统的政府管理理念，服务理念渗透到管理的架构、过程、方式等各个方面。二是在行政体制、行政职能的层面上，应用信息技术整合政府信息资源，形成行为规范、运转协调、公正透明、廉洁高效的行政管理体制。并通过简化政府提供公共服务的程序、优化政府管理活动的流程，实现政府职能的科学配置。三是在具体行政手段和方式的层面上，政府通过信息化技术提供的各种服务比以前更快捷，对公众意见和需求的反应速度大大提高，政府在公共管理中的服务者的角色得到强化。此外，要加强政府管理创新，合理运用现代信息技术，努力推动治理手段创新，建立和完善治理信息系统、决策系统，为治理提供及时、准确、科学的服务，全面提高政府治理工作水平。

第二，提升工作人员的能力与素质。信息化取得成功的关键在人，尤其是相关从业工作人员的信息化意识和素质能否紧跟时代和社会发展需要。依托高等院校和科研机构，加大信息人才培养力度，提高信息人才数量和质量；通过建立软件学院、网络学院等多种形式增加信息化人才培养数量；突出专业重点，强化普通高校信息专业人才教育，提高专业技术人员培养质量。在培养信息化人才的过程中，要注意优化信息化人才结构，充分体现人力结构的力量。需要指出的是，高校要紧跟“互联网+”，加紧培养一批具有扎实基础的应用信息技术类工程师，以适应产业发展的基本需求。同时，高校要注重与国外高校、国内外企业紧密合作。此外，要通过改革公务员的考试制度，引进技术人才，提高技术人员待遇留下人才，使他们能够安心于政府公共服务信息化的基础建设，从而为增强政府公共服务信息化持续能力提供源源不断的智力资源和人才储备。

第三，加大对广大农村地区的倾斜力度。由于我国的国情所限，农村的公共服务信息化建设水平将从根本上影响着我国公共服务信息化建设的总体进程。为此，今后一段时间，农村应成为政府公共服务信息化工作的一个重要努力方向，各级政府在加强公共服务信息化的进程中一定要注意加大对农村的政策倾斜和扶持力度。第一要进一步增加资金投入，加大信息化基础设施建设力度，切实加大农村基础网络建设力度；第二要进一步加快农村信息资源整合与技术研发，完善信息共享机制，建设标准统一、实用性强的信息共享平台和公共数据库，推动农业各行业和其他涉农部门资源整合；第三要进一步增强农村综合信息服务工作能力，坚持因地制宜，体现差异性，在推进农村信息化工作中，对经济条件较好的地区，坚持以推行计算机网络化为主，拓宽信息提供的范围与提高信息的质量，促进信息传播的多样化和信息服务的多样化，对经济条件较差的地区，坚持以基本的信息传播为主；第四要进一步立足实际情况，国家和各级地方政府应吸引和鼓励社会力量参与农村信息化建设，利用政策上的优惠吸引更多的社会力量参与农村信息化建设，促进农村信息化的长远发展；第五要进一步增强针对性，结合农民群众的平均文化水平，从提高农民接受利用信息的效果出发，根据农民信息类型的利用特点，选择合适的信息传递方式，要多采取农民容易接受、习惯应用、传递效果好的方式提供信息。只有加快农村信息化建设步伐，加速普及信息技术在农村地区的应用，“三农”问题才能从根本上得以解决，城乡经济社会才能协调发展，精准扶贫计划才能够顺利完成，全面建成社会主义小康社会的目标才能早日实现，政府公共服务信息化工作的持续能力才能经久不息地焕发出勃勃生机。

总之，以信息化提升政府公共服务水平是一项系统工程，需要各方面的努力与协作，更需要多视角的探索。大数据时代、“互联网＋”和移动通信网络大众化浪潮的到来为政府公共服务信息化建设提供了一种很好的思路。目前的关键是，我国各级政府应该根据中央关于信息化建设的总体布局，主动按照“互联网＋”公共服务的要求，坚持以人为本，重点推进公共服务内容、服务方式的信息化建设，以此建构公共服务信息化发展的长效机制，推动各级政府公共服务信息化建设制度化、常态化、规范化和科学化发展，不断提升我国政府公共服务水平，更好地满足广大人民群众日益增长的物质文化生活的需要。

第 7 章

如何以大数据提升公共决策科学化水平

大数据技术在公共决策中的应用，是当前我国政府公共决策制度创新和技术创新的重要途径。随着物联网技术、云计算技术、新媒体通信等技术的发展，在公共政策、商业、交往、日常生活领域，大量的复杂数据的获取成为可能。在信息时代，大数据意味着民众、组织和机构的日常活动，在互联网条件下都可以留下规模庞大的行为数据。目前的大数据应用更多集中在商业领域，以互联网商业交易和金融交易为代表，这些商业机构通过对数据的挖掘和分析，有效地掌握客户与潜在客户的特征，对分析对象的行为规律和未来发展趋势进行有效的预测。这样的应用模式，为公共领域的公共决策提供了有益的借鉴，政府在理论上可以凭借类似的技术实现公共管理和社会治理的目标。如何在新的技术条件下，充分利用这些数据，实现政府在政策制定层面的科学化，不仅仅是一个技术问题，同样是一个涉及对现有公共决策制度进行改革和创新的制度问题。目前，各个政府部门对利用大数据进行政策制定和社会管理已经有了一定的尝试，但是仍然迫切需要从制度上进行创新，建立一个规范的、完整的、科学的政府大数据公共决策系统，将技术手段与制度手段有机地融合。

在信息化的浪潮中，我国各级政府正在逐渐适应互联网时代的要求，构建自己的数据库，也开始利用数据分析技术在管理和制定政策的层面进行有益的尝试。例如，在当前各地开展的智慧城市建设中，云计算和物联网等新的信息技术正在社区层面上推广应用，用以支持新型城镇化的发展。在社区层面上，北京等地的网格化管理系统就是利用移动通信技术，通过网格化管理员的实时信息传递，进行有效的社区综合管理。与此同时，随着网络舆情监督系统的建立，政府部门对相关网络舆情的获取也更加及时。这些信息技术手段的采用，都为以大数据作为基础进行科学化的公共决策提供了基础和经验。同时，在我国当下基于大数据的公共决策过程中，也面临着一定的问题，未来随着大数据公共决策的进一步发展，也将面临一些新的挑战。通过对当前我国政府利用大数据进行公共决策实践中存在的问题，以及未来将要面临的问题的分析，我们提出提升政府利用大数据提升公共决策科学性的政策建议。这些建议在制度层面上提出建构一个系统的科学化的大数据管理系统和大数据决策机制，建立健全相应的法规，加强政府与大数据企业和研究机构的合作，防范大数据决策中的偏差性风险和系统风险。

一、制定利用大数据进行科学公共决策的中长期发展规划

从组织理论的角度看，当代政府部门的建立是适应现代社会治理的要求，采用一种现代科层制的组织方式，追求组织部门的效率性和专业性。在工业社会的专业分工下，各个政府部门分工明确，权责分明，有着比较明确的组织边界。体现在中国现代政府体制中，就是各个部门间存在管辖的具体领域，往往由于一些历史原因，这些领域也存在重合和权责不明的现象。当然，随着政府机构改革的不断推进，政府组织机构的设置日益趋向合理化。但是，大数据时代的来临，需要一种新的基于网络逻辑的合作精神和分享精神，要求一种超越组织边界的统一化的标准化数据流通，这就要求传统的政府部门之间的“条块”分割和行政壁垒必须尽快打破。

从总体来说，我国大数据科学决策的顶层设计有待加强。在长期规划上，目前国家尚未将大数据科学决策上升到足够的高度，从战略上进行系统的规划。在未来的发展过程中，我国应当从哪些方面对大数据进行有效的利用，应当建立什么样的大数据收集、共享和分析机制，侧重哪些领域的大数据数据库的建立，如何围绕大数据分析建立起相应的机构和人才队伍，这些都需要系统的规划。对于大数据在公共决策领域的发展时间表，缺乏一个长期系统规划。各级政府和各个部门积累了大量的数据，但是这些数据资源应当如何在部门之间流动和使用，缺乏一个整体的规划和协调。在传统的政府部门组织框架结构中，各个部门间存在部门利益，在大数据的共享和使用上，也存在一定的部门壁垒。例如，某些政府机构的数据出于安全角度，不会轻易公布，这也影响到其他政府机构的数据分析工作。同时，在传统的政府决策思维模式下，各个部门仅就单一领域的数据进行分析汇总，制定决策，容易忽视与其他政府部门的协同作用，意识不到其他领域数据对本部门决策的重要意义。现有的政治体制下，我国缺乏一种从顶层设计出发的政府各部门间数据开放制度与数据交换制度。

（一）在国家层面制定大数据战略规划

应该将公共决策中的大数据应用上升到国家战略层面，从长远发展的角度推行大数据科学决策的发展，以适应未来网络社会和信息社会的到来。公共决策的信息化和科学化是提升党的执政能力的重要构成要素，是中国国家治理现代化在信息时代的必然选择，因此，应当在中央层面上高度重视大数据在政策制定、实施和评估中的作用，制定出发展大数据公共决策的总体方针和总体规划。

（二）完善大数据公共决策系统

我国的公共决策科学化水平和信息化水平与发达国家存在一定的差距，在对大数据的利用上，也存在诸多不足。利用大数据等先进信息技术，进行科学决策将是一个长期的工程，不能一蹴而就，必须从各种数据库基础设施的建设、先进技术的引入、人才培养、法规制度的制定、决策流程的规范等多个层面逐步推进，这就需要党中央从统领全局的高度，从推动国家治理现代化的角度，制定出总体的发展规划，制定出大数据科学决策推广的时间表。

（三）在地方层面推广大数据公共决策

在地方层面上，各级政府也应当根据各地的实际发展水平，客观地逐步推广大数据公共决策，逐渐建立起大数据公共决策的基础设施，引入大数据分析计算的基本技术，制定出适应地方经济发展水平和区域特色的大数据决策发展纲要。

二、形成有利于大数据科学决策的政府体制机制

在中国当下的政府结构体系中，各个部门的分工相对明确，在客观上也存在着一定的部门利益和部门分割现象。部门之间的利益存在相互制约的现象，是一种客观存在的组织现象，例如环境保护部门和经济部门，尽管在长期的组织目标上是一致的，但是在短期利益和具体的组织行为上，有可能存在客观的组织目标不协调。这就要求中央层面的利益协调。此外，各个地方政府之间，存在一定程度的相互竞争现象，例如在地方经济发展、文化教育、卫生等领域的良性竞争，这也是一种客观存在的现象。但是如果缺乏统一的协调机构，各个地方在大数据资源上，也具有采取地方保护主义行为动机的可能。

（一）建立横向的大数据管理与协调机构

在机构设置上，尽管在中央层面设有相应的互联网管理机构，但是在针对大数据这一具体领域，各个中央部委之间的数据统一管理机构尚未完全发展完善，人力物力相对不足，资源

和权力相对有限。目前，各个部委机构之间的数据资源尚不能通过一个统一的机构完全协调和共享。在地方层面，各个地方政府的部门之间，也存在总体数据管理和数据共享管理部门的缺位。

对此，应在现有的各级信息管理部门的基础上，增加人力、资金投入，设立针对大数据专业管理的运行部门。与传统的相互独立的部门不同，这一组织应当由各个政府抽调技术人员和管理人员共同组成，打破现有的部门分割的状态，协调各个部门之间的数据管理和数据交换，为各个部门的数据分析提供制度支撑和技术支持。在地方政府层面，这一机构应当坚持党的领导，由地方党委负责。

（二）在各级政府建立跨部门的数据共享机制

当前各个部门之间长期存在信息孤岛问题，其主要原因仍然是统一技术标准和规范的缺失，以及数据交流机制的缺失。信息孤岛的存在与大数据时代的互通互联精神相互违背，同时，从技术角度来讲，只有各种不同类型的数据可以相互流动、相互连接，公共政策的制定者和决策者才有可能发现不同因素之间的相关性，以及各种因素之间的作用机制，从而对未来的发展做出预测。大数据涉及范围越广，容纳的变量越多，政府部门掌握的有效信息也就越多，进行公共决策的科学化程度也就越高。

为此，要明确各个政府部门进行大数据共享的基本原则和具体管理办法，统一建立可以跨库分析的标准数据库系统，破解信息孤岛的局面。这一数据库系统是对当前各个部门既有的数据库系统进行统合，同时并不取消各个独立的数据库系统。各级政府联合系统的日常维护和运营由专业的部门进行维护，各个地方的标准数据库系统的数据可以通用，可以进行统一的数据计算和数据分析。

（三）建立纵向的从中央到地方的大数据收集体系

地方政府之间的大数据交流存在一些制度上的障碍，在中央层面上应当对各地的大数据进行汇总和统筹，实行数据库的集中管理。不同地方政府之间的数据请求工作，可经由中央统一安排分配。例如某省希望在进行大数据决策时进行横向的分析比较，这时可通过向中央数据库系统的请求，由相关部门提供准确的数据。

三、培养大数据人才，发展大数据政务技术

在当前我国的政府部门中，具有利用大数据进行数据处理和数据分析能力的专业人才相对匮乏，对大数据最新技术

的引入和掌握也相对存在短板，这在一定程度上制约了利用大数据进行公共决策的效果。针对目前政府部门大数据人才相对匮乏的情况，应当采取相应的措施，吸收和引进具有大数据分析能力的专业技术人才，培养现有的政府工作人员的大数据应用能力，提升政府部门利用大数据进行科学决策的思维，切实加强政府部门利用大数据进行科学公共决策的能力。

（一）吸引大数据人才加入政府管理部门

现代公共领域的治理，需要更多的复合型人才。我国政府公务员的录用以文科类人才为主，而大数据分析偏向于理工科专业。在传统的教育体制下，文理分科的教育模式，使得文科类学生缺乏专业的数据分析能力。但是，理工科人才由于人文教育的缺失，又缺乏相应的专业管理能力。简单的增加信息技术专业人员在公务员中的比例，可以在一定程度上缓解问题，但是不能从根本上解决现有的结构性问题。最理想的政府相关人员构成，是建立起一支既有人文社会科学背景，又能熟练掌握数据分析能力，具有科学决策思维能力的复合型人才队伍。这一过程将是一个漫长的过程，随着未来中国教育制度对文理分科的摒弃，这一状况有望得到一定程度的缓解。在当前的公务员录用过程中，要增加对具有大数据分析和应用能力的人才引入。一个是在录用人员专业中注重信息技术专业人员的录取和选拔；另一个则是加大对文理综合类的专业人才的选拔，例如某些社会科学专业中，量化研究技术也得到了广泛的应用，应当加大对社会学等专业的人才引进和使用。

（二）制定公共部门大数据从业人员灵活政策待遇

就目前阶段而言，具有较强大数据计算和分析能力的专业技术人才，在劳动力就业市场处于稀缺地位，具有较强的就业自主选择能力。而大数据分析专业在商业上的应用已经越来越受到市场的重视，在各种商业模式中发挥越来越重要的作用，取得越来越多的收益。在这种情况下，市场给予这类优秀的专业技术人员较高的人力资本回报，支付较多的工资。相对而言，公共部门能够给予的待遇相对较低。按照劳动经济学的基本原理，在政府部门薪酬制度不加以改革之前，优秀的大数据人才会自然流动到市场部门。这种现象将影响到政府部门对此类人才的吸收。应当制定出更加灵活的人才待遇政策。能够具有大数据分析能力的人才在劳动力市场上暂时属于稀缺资源，更多地流向待遇更好的互联网产业。如果政府希望获取高端的大数据分析人才，则需要对现有的薪酬制度和岗位制度进行灵活的改革。可以尝试引入专业技术人员的聘任制度，灵活设置岗位和薪酬，吸引高端的数据分析人员进入政府相关部门，对利用大数据进行科学决策提供充足的技术支援和智力资源。

（三）加大对现有公务人员的数据处理能力和信息收集能力的培训

由于大数据浪潮的到来是在21世纪以后，与全球范围内的文官治理体系一样，在传统的公务员体制下，我国政府吸收的公务人员以行政管理方面的工作为主，专业技术为辅。而在专业技术人员中，能够熟练掌握和运用数据分析和数据挖掘工具的人员也相对较少。传统的政府官员教育背景和专业背景对大数据技术的大规模利用造成一定程度的制约作用。目前，我国有着庞大的公务员队伍，如何提升现有工作人员的大数据思维和大数据处理能力也是至关重要的。可定期邀请专家学者，为相关政府工作人员开设专业的讲座和短期培训。此外，应当充分利用现有的官员培养体系，在对官员能力的培训上，全国各级党校系统、国家行政学院系统应当在培训课程中增设大数据决策的方法培训和大数据的分析技能培训，增加关于运用大数据进行科学决策的实际应用案例分析。

（四）有针对性地开发用于公共政策决策的大数据应用软件

大数据计算技术和分析技术，掌握在相对少数的专业技术人员手中，而这些技术的真正应用，依赖于技术的推广和普及。这一过程需要相关行业开发出相应的应用软件，将复杂的数理模型简单化，转变为容易被一般工作人员操作的工具。目前大数据的相关政务方面的应用软件的开发，仍然处于起步阶段。与之相对，商业用的处理软件较多，而政府部门专用的软件和工具较少。这背后既有市场因素和商业因素的影响，也与我国政府对大数据技术的工具化和简明化推动力度不够、国内的软件行业技术力量相对薄弱有一定程度的关联。当前的大数据应用仍然处于起步阶段，只有将大数据的使用智能化和简单化，转化为政府工作人员可以简单使用的软件，才能充分发挥大数据在电子政务中的作用，为科学决策提供切实可用的工具。目前的大数据分析软件往往针对商业领域，对使用者的相关技能要求过高，未来可以针对政府部门，研发出相对简单和具有针对性的政务软件，使得大数据分析和公共决策更加有机的结合起来。由于大数据领域的数据挖掘技术主要受到研究机构和市场的共同推动，政府在技术进步和演化的过程中发挥的作用较小。政府可以考虑集中我国官方研究机构和大学的技术优势，委托其进行相关软件应用系统的开发，也可以通过公开招标的方式，投入资金吸引互联网商业公司和商业研究机构进行软件和技术的研发。

四、完善相应的大数据法律法规建设

党的十八届四中全会提出，应当全面推进依法治国，加快建设社会主义法治国家。在这一背景下，应当尽快完善大数据领域的法律法规建设，为公共决策中数据的获得、数据的流动规则、大数据和公民隐私权的关系、大数据的国家安全和社会安全等问题进行立法，从而为科学地利用大数据打下坚实的基础。

（一）制定政府部门间的数据共享管理工作条例

具体到大数据利用上，在制度层面上，各个政府部门之间数据交流和共享的原则和法规没有完全确立起来。各个部门之间进行数据资源请求和数据资源共享时，缺乏相应的法律法规作为依据。例如，哪些数据是部门间可以交流和共享的数据，哪些数据是遵照国家有关规定不能共享的数据，在数据共享和交换的过程中，应当遵循什么样的步骤和规定。这些法律法规的缺失，使得当下纵向上各个政府层级之间、横向上各个政府部门之间的数据共享机制和协调机制没有系统地建立，在实际的应用中缺乏相应的规则和法律依据。应出台规范政府各个部门之间数据共享和数据交流的工作条例，明确政府各个部门间数据共享和交流的具体实施办法。对于属于可公开的范畴的大数据，应当将数据上传到统一公开的中央数据库中。对于可在部门间部分公开、不宜上传数据库的数据，应当保证数据的技术标准化程度，采用经过申请审核后进行部门间大数据交流的方式。对于不可公开的数据，应当制定稳妥的数据存储和安全管理条例。此外，这一工作管理条例还应该涉及大数据的获取流程、传输流程、保存流程、数据保密等具体的技术细节，提出技术参数要求，从程序上确保公共决策大数据的可获得性和安全性。

（二）制定关于大数据获取和保护的法律

在市场经济的运行逻辑下，企业积累的大量客户数据在一定程度上是企业进行商业竞争的重要资源。继人力资本、社会资本之后，大数据时代的企业数据资源有望成为新的资本模式：数据资本。这些数据资源理论在事实上被各个不同的企业所掌控，使得互联网巨头在网络时代拥有远超过传统时代的权力。与此同时，从社会公平正义的角度来讲，这些数据由社会民众构成，是对社会民众行动痕迹的记录。社会成员也有权利要求保护自己的行动数据。这些行动的数据同时也应当具备公共属性，为推动社会公共决策的效率性和科学性提供依据。因此，当务之急是在现有的法律体系下解决这一问题，即政府应合法合理地获取涉及公众利益的企业数据，同时不损害企业的商业机密等核心利益，不损害民众的个体隐私等个体权利，实现公共利益、企业商业利益和民众利益的一个相互妥协，达到国家、市场和民众的相互合作的状态。目前，世界各国在这一领域都面临着法律问题的缺失和数据伦理道德标准的确立问题。妥善处理这一问题，是政府开展大数据科学决策能够具有民意基础和社会合法性的关键。

应在现有关于信息安全的法律基础上，修改制定针对大数据获取、公民大数据权利、大数据的商业使用等方面的法律，明确大数据获取中的公民隐私权、公共利益和商业利益之间的边界，确保国家、机构、企业和个人获取大数据有法可依。在公民权利的保护上，公民的基本隐私权应当得到尊重和保护，在大数据的应用中不应透露社会个体成员的信息。在大数据的获取上，互联网企业有权利维护自己的大数据资源不受到其他竞争对手的窃取和侵害，但是应当有义务向公共部门提供涉及公众利益的数据。这部分数据，将构成政府进行公共决策的重要信息来源和大数据来源。同时，政府也有义务保护公共部门的大数据不被企业获取和用于其他商业用途，保障公民的大数据权利不受到侵害。同时，政府应当出台法律措施，修订完善现有的涉及国家安全和社会安全的法律，防止我国大数据向国外机构泄露，保障大数据的合法用途，维护国家的大数据主权。

五、吸收多种力量参与大数据科学决策

信息化时代，政府的治理技术的现代化程度必须依赖科学技术的发展和应用，而互联网市场中的企业是推动信息技术研发和应用的重要力量。因此，推动公共决策的科学化，绝非政府可以单独完成的事情，需要包括市场力量在内的全社会共同努力，形成多元共治、群策群力的社会治理局面。这就要求政府在发展大数据决策时处理好政府和市场力量的关系。

（一）建立良性的政府大数据分析外包机制

国家治理现代化的一个重要发展方向，就是在正确地认识到政府能力的有限性、政府机构合理化的基础上，提升治理能力至最大。这样的发展方向，必然要求政府将专业化的数据分析部分进行外包，通过互联网和信息技术领域内的专业研究机构和专业企业来进行大数据科学决策。与传统的政府部门相比，市场化的互联网企业和研究机构具有很多优势，例如技术演进的前沿性和迅速性，技术成本的付出由市场承担，专业技术人员集中，数据分析经验更加丰富。在这种情况下，各级政府部门应当与市场部门展开积极有效的合作，购买数据资源和

数据分析服务。但是，目前针对这一过程，如何把握政府自身的数据收集和数据分析业务与市场化购买之间的平衡点，如何对大数据方面的服务购买进行规范，仍然存在制度的盲点，需要进一步规范。

由于现代社会分工的日益细化，尽管政府的专业技术能力不断增强，但是囿于政府部门资源有限，应当将部分大数据分析工作进行合理的外包，与市场化的科研机构和信息技术研发企业进行合作，提升政府大数据分析的专业化水平。在这样的数据分析项目外包过程中，应当通过公开招标的形式，确保外包过程的公开、公平、公正，同时接受公众的监督，保证项目外包过程的透明化。在数据分析的过程中，应当与研发机构或者企业签订数据安全协议，保证数据的安全性，追究数据泄露的法律责任。同时，应当避免在政府数据分析外包的工程中出现权力的寻租行为，对相关流程加强监管。对不适合进行外包的数据分析业务，应当明令禁止外包，由公共部门内部进行数据的分析和计算，以保证大数据的安全。

（二）建立政府与企业的大数据获取合作机制

现阶段我国的大数据来源主要可以分为两个部分：一部分是公共部门包括政府和具有公共性质的事业单位、国有企业获得的海量数据；另一部分是互联网行业的民营企业、跨国公司、媒体平台在日常运营中获取的海量数据。这些数据对于公共决策的科学化而言，都具有十分重要的意义。因此，应当建立起政府与互联网企业的大数据获取合作机制，公开合法地从互联网企业获取涉及公共利益的大数据，同时这一过程接受民众的监督，提升自身的政策社会认同度。

（三）加强政府与高校等科研机构的合作

大数据分析技术演变的迅速性和前沿性，决定了科研机构在技术方面具有相对优势，应当加大与高校和科研院所的合作。传统的合作制以项目委托为主，可以考虑在传统的项目委托的基础上，开展定期的人员交流活动，吸引技术人员到相关技术部门进行短期工作，建立起围绕某一项目的临时聘任制。

六、科学合理地规范和优化大数据公共决策流程

科学的大数据决策过程必须有相应的科学规范流程进行保证，从程序的角度保证科学决策的无偏性和客观性，摒弃特定个体和特定利益群体的干扰。利用大数据进行科学决策时，需要根据具体的问题导向，确定在决策的哪一些环节运用大数据技术，同时明确数据选取的合理性和有效性。要避免出现这样

几种情况：错误的大数据选取和分析流程造成数据结果的偏差；不合理地运用大数据技术造成数据成为具有偏向性的论据，成为某种先行制定的政策的合理外衣。大数据在公共决策中的使用，并不能保证公共决策本身的科学化，必须从公共决策流程的规范化程序上着手，从而保证公共决策过程的完整性、相对客观性和科学性。应当避免两种情况的出现：第一种是大数据沦为论证已经形成的领导意志、集体偏见、特定群体利益偏好的数据工具；第二种是唯数据主义，一切完全依照数据显示的趋势进行公共决策。这就需要从将公共决策的民众共同利益、党的集中领导和民主决策的过程、科学的决策依据有机地统一起来，不可偏废其一。根据目前的科学研究和国外的相关经验，科学的公共决策流程应当包含以下几个部分：政策议程的设置、政策实施、政策评估和反馈、政策修正。大数据在这一过程的各个环节都应当恰当地发挥作用。

（一）科学设置议程

公共议程的设置意味做出决策之前，需要具有明确的政策目标。这种政策目标的选择背后，存在多种可能性。不同的政策目标有可能会对不同的群体产生影响，在议程设置阶段，政府应当明确规划政策的利益导向，应当是指向社会公共利益的最大化。大数据在这一阶段的应用，可以体现在决策之前的信息收集上，也体现在政策实施之前相关因素的分析上。通过大数据的挖掘，公共部门可以做出某种政策问题产生因素的相关分析，寻求问题出现的原因。同时，利用云计算和人工智能等新型技术，可以对政策议程设置后的政策运行过程进行模拟化推演，提前预测某种决策达成之后的民众反馈效果、政策将会取得的预期效果，作为决策的参考。

（二）优化政策实施

利用大数据进行公共决策的过程中，政策实施应当综合当前的各种模式，综合利用专家系统、社会舆情监控、利益相关群体的表达、一般民众意见表达等多种途径，实行多元决策制度，保证政策施行过程中的民主性和透明性。

（三）规范政策评估和反馈

利用大数据技术对政策施行的效果进行实时观测，对政策对象的反映进行信息收集和分析，建构出评估政策推行效果的数学模型，具体可以包括政策推行的客观效果、民众对政策的社会心理变化曲线、相关因素的影响效果等。通过这些数据来评估政策的真实运行情况和民众的反馈。

（四）合理修正决策

通过对政策实施过程效果的评估和民众实时的社会心理反馈，做出是否修改现有政策的决定，同时将可以公布的信息透明化，在坚持党的领导的前提下，充分发挥党内民主和协商民主的优势，集思广益，实行再决策过程，将公共决策转变为一个动态的科学过程，构建分析—决策—评估—再决策的科学大数据公共决策过程，逐步向各级政府进行推广，增进公共决策的科学性。

第 8 章

如何以“互联网+”推进社会治理精细化

党的十八届五中全会提出“推进社会治理精细化”这一重要论断，为推进国家治理体系和治理能力现代化提供重要指向。在互联网时代，如何以“互联网+”推进社会治理精细化，实现习近平总书记在网络安全和信息化工作座谈会上提出的“以信息化推进国家治理体系和治理能力现代化”，是中国共产党人治国理政面临的重大时代课题。

当前，推进社会治理精细化还面临一些亟待解决的问题和障碍，主要表现为：一是传统管理思维粗放化。一些地方和部门习惯于将粗放式、经验化的传统管理思维方式运用于社会治理中，集中体现为管理浮于表面，服务意识不强，标准化程度低，工作缺位、错位、不到位，“以管理替代治理”“以群众替代个人”“大差不差”“马马虎虎”等意识根深蒂固，“最后一公里”等问题长期难以得到妥善解决。二是社会治理中的“信息孤岛”问题。由于部门利益、行业利益、本位思想等因素，社会治理中“信息孤岛”问题始终突出，地区与地区之间、部门与部门之间的信息分割较为严重，各自为政、缺乏协同，哪些信息可以共享、信息共享机制如何构建等问题始终未得到有效解决，出现了很多需要群众证明“你妈是你妈”的怪现象，政务效能和社会治理水平低下，影响了党群干群关系以及党和政府的形象。三是社会治理格局相对单一。社会治理格局的目标是全民共建共享，但是一些地方和部门习惯将社会治理主体过多聚焦于行政系统内部，忽视社会治理其他主体及其自身运行逻辑，出现了政府包办代替、过分强调覆盖忽视参与的现象，同时将适用于政府管理的程序、规章、制度生搬硬套于社会治理之中。具体到基层社会治理，出现了社区工作行政化、联系群众表面化、民众参与弱质化的现象，群众参与社会治理的积极性和主动性并未得到有效发挥，全民共建共享的社会治理格局还未充分构建。四是社会治理信息化水平亟待提高。一些地方社会治理信息化水平未能跟上治理体系和治理能力现代化的要求，用户体验思维、电子政务、大数据、云技术、物联网等新理念、新技术并未广泛应用于社区治理、流动人口管理、公共服务等领域，很多地区和部门面对互联网时代的社会治理显得捉襟见肘，陷入了老办法不顶用、新办法不会用的尴尬境地。

如何以“互联网＋”推进社会治理精细化，我们提出以下对策建议。

一、将互联网“用户体验”思维引入社会治理

随着互联网的发展，“用户体验”好坏已成为企业成功与否的关键。无论是苹果公司还是谷歌公司，挖掘与提升用户体验使企业获得巨大成功。将互联网时代企业“用户体验”思维引入社会治理层面，就是要重视并回应公民需求，为推进社会治理精细化奠定思想基础。改善和提升群众的“用户体验”，既需要坚持“以人为本”理念，牢固树立用户体验思维，也需要依托于互联网时代的大数据，为改善用户体验提供核心技术。具体而言，应当从以下两个方面着手：

一方面，树立“用户体验”思维。用户体验思维就是以用户为中心，紧密围绕用户的需求和感受，提升用户的获得感和满足感。具体到社会治理中，树立用户体验思维，就是要尊重公民主体地位，将传统的笼统的群体性的群众概念引入个体公民概念，从公民眼前的具体利益和主观感受出发，落脚于人民喜欢不喜欢、高兴不高兴、答应不答应。比如，前几年一些地

方政府在PX项目中好心办了坏事，引发民众集体抗议，以及在一些征地拆迁过程中出现的粗暴执法甚至非法强拆致人伤亡等事件，背后的根源折射出在政府管理和社会治理过程中，公民的主体地位并未受到尊重，出发点和落脚点并不是普通公民的具体利益和主观感受。政府作为社会公共服务的提供者，要常与作为其“用户”的公民换位思考，说话办事考虑公民的感受，各种方案征求公民的意见，及时回应公民的关切，放下“官老爷”的架子，当好民众的“勤务员”。尤其是在党和政府与公民的互动和联系过程中，要耐心细致地做好群众工作，让群众体会到党和政府的关怀和温暖，这不仅是坚持党的群众路线的优良传统，也是党和政府适应互联网时代必须牢牢树立的核心思维。

另一方面，通过大数据技术找到群众“痛点”并及时给予回应和解决。改善和提升用户体验的关键，就是找到用户自身难以解决的痛点并及时提出方案予以解决。具体到社会治理，对于党和政府而言，就是要尽快查找群众存在的“痛点”，这些“痛点”有可能是一定群体或一定范围带有普遍性的，也可能是个体的、具体的。与科层组织搞建设的“大事”相比，群众的“痛点”可能都是些诸如办证难、噪声扰邻、物业不作为等“小事”，而恰恰是这些“小事”构成了群众对于党和政府认同感的重要来源。但每个公民的需求和“痛点”五花八门，传统的科层体系难以与数以亿计的碎片化个人对接。这一现状在互联网时代将会得到改变。大数据和云计算为识别分析群众需求提供了技术支撑，根据上网搜索和浏览记录可以精准定位群众的“痛点”所在。例如，北京市东城区通过数据动态汇总分析识别居民服务热点需求，利用大数据框架的数据分析技术，专门定期对社会服务管理信息平台中的重点服务人群的诉求信息进行统计，并对这些诉求的处理情况进行追踪分析，及时发现公众集中诉求并安排人力重点解决。2012年底，该区社会服务管理信息平台的统计分析结果表明，与供暖取暖问题相关的民情和台账数量大幅增加。根据这一情况，有关部门及时组织专项活动，排查重点地区供暖问题，有效预防和解决了由于取暖导致的火灾隐患。[①] 在保障信息安全的基础上，依靠大数据等技术手段精准定位公民“痛点”，及时为群众排忧解难，增强群众实实在在的获得感。

二、构建政府部门间信息共享与服务平台

政府部门之间数据分割带来的“信息孤岛”问题愈发突出，纵向和横向分割问题始终存在，并未真正打通和共享。李

① 参见陈之常：《应用大数据推进政府治理能力现代化——以北京市东城区为例》，载《中国行政管理》，2015（2）。

克强总理指出："目前，政府各部门已经建成了十几个数据平台，但问题是，这些平台相互不连通，只是一个一个的'信息孤岛'。""本来，信息的连接是最容易的，商业网站之间都是连接的，但我们各部门的数据就不行，我的网就是我的网，别的部门要用，就是进不来！"这不仅导致了部门间信息平台的重复建设、资源浪费，还导致了办事难、办证难等一系列社会问题。对此，2016 年《政府工作报告》做出部署："推动简政放权、放管结合、优化服务改革向纵深发展。以敬民之心，行简政之道，切实转变政府职能、提高效能。""大力推行'互联网+政务服务'，实现部门间数据共享，让居民和企业少跑腿、好办事、不添堵。"落实到实践层面，就是要构建政府部门间信息共享与服务平台，具体应从以下几个方面着手：

一是加快研究哪些信息可以共享、在哪些层级哪些部门之间共享，解决共享什么的问题。由于存在一些涉密信息，并非所有政务信息都可以无条件共享。因此，建立政府部门间的信息共享平台的前提是研究并甄别哪些信息可以共享。加强对涉及户籍、婚育、流动人口等人口信息，住房、宅基地等房屋信息，以及水、电、气、公积金、社保等公共服务信息分类研究。建议只要不涉密的，最大化地形成完整、准确的基础信息共享数据库。同时，对在哪个层级哪些部门之间共享进行研究。由于现阶段全国范围内信息共享可能存在一定客观困难和风险隐患，是否可能着重构建省、市、县（区）、乡镇（街道）层面的四级信息共享平台，对本区域的人口信息、住房信息和公共服务信息进行共享。此外，研究是否所有政府部门共享，还是重点在公安、民政、人社、教育、司法、公积金、住建等涉及民生和社会治理的部门之间直接共享、其他部门申请共享。研究不涉密信息对普通公民公开申请共享。

二是建立信息共享平台，解决怎么共享的问题。信息共享需要打破长久以来形成的部门利益，可能会面临较大阻力，仅仅依靠各个部门自身很难完成，需要在更高层面上进行统一思想、协调推进。建议一级党委政府主要领导牵头挂帅，成立信息化（平台）建设领导小组，打破条块分割，统筹协调推进区域内部门间信息共享平台建设工作。在确定共享数据范围的基础上，依托区域内已有的软、硬件平台资源，建立应用系统支撑平台，实现对各部门共享数据的上传、发布、交换，提供对采集数据的抽取、清洗、转换、集成、数据查询、信息定制、管理维护、比对分析等，形成丰富完善的可用数据资源和信息共享服务，实现部门间信息共享与服务的即配即查即用，为实现社会治理精细化提供数据支撑。

三是构建信息共享基础上的社会服务平台，解决信息共享之后怎么服务的问题。在部门间信息共享平台的基础上，构建社会服务平台，实现信息共享和社会服务两个平台“一张网”。对于政府部门间而言，重点解决信息共享问题；对于人民群众而言，重点解决办事难、办事慢、办事繁的问题。对此，一些地方进行了实践探索并取得了较大成功。例如，安徽省芜湖市加强部门信息共享，对传统管理流程进行优化重组，将相关的审批和办事项整合到统一的服务平台，居民可就近申办，能办结的当场办结，需审批的自动流转到相关部门网上审批，再将批准件快递给居民，真正实现“一站受理、全城统办”。目前，可一站受理生育证、户籍、低保、社保等125项公共服务事项。对部门间数据共享的公共服务信息，主动推送到居民网页或定制的移动终端上，增强了服务的时效性。数据共享、流程优化、部门联动、机制转型、网络服务，打破部门壁垒，延伸办理网点，优化办事流程，规范工作程序，让数据多跑路、群众少跑腿，鼠标一点就能办好事、足不出户就能办成事，改变以往群众办事难、办事慢的困境，能够基本实现“琐事不出楼栋，小事不出社区，大事及时就地解决”[①]。通过这一举措，政府效能和服务水平能够得到显著提高，政府管理体制进一步优化，运行机制进一步完善，社会治理能力得以大幅提升。

---

① 徐立全：《以信息化引领社会治理现代化》，载《法制日报》，2014-05-30。

三、提升社区治理信息化水平

社区治理是社会治理的基石，提升社区治理信息化水平是推进社会治理精细化的关键一环。以社区治理信息化助力社会治理精细化，重点应在以下两个方面着手。

一方面，加快推进社区公共服务综合信息平台建设。社区公共服务综合信息平台是依托信息化手段和标准化建设，整合公共服务信息资源，采取窗口服务、电话服务和网络服务等形式，面向社区居民提供基本公共服务的平台。2013 年 11 月，民政部、国家发改委、工信部、公安部、财政部五部门联合发文《关于推进社区公共服务综合信息平台建设的指导意见》，指出要建设社区公共服务信息系统，整合社区公共服务信息资源，完善社区公共服务综合信息平台规划布局，加强社区公共服务综合信息平台运行管理。社区公共服务信息系统兼具政务事项办理和基础信息采集功能，通过与国家基础信息资源库的信息共享，建立社区公共服务信息管理机制，在保证数据交换共享安全性的前提下，促进社区公共服务综合信息平台与现有部门业务应用系统实现互联互通。推动政府职能部门向基层转移职能，规范社区公共服务综合信息平台的信息共享范围、共享方式和共享标准，逐步丰富社区公共服务综合信息平台的基本公共服务项目和服务信息。在一些地方的实践中，社区公共服务综合信息平台建设取得了较大成功。在调研中，一些社区工作者表示，以前社区工作依托于纸质台账，遇事常常需要翻查台账，不仅费时费力，还很难做到全面准确，但通过社区信息平台建设，只要点击鼠标，各类数据情况直接呈现在屏幕上，既方便了社区工作者也方便了群众。

与此同时，社区公共服务综合信息平台建设还面临一些问题，集中表现在：一是由于缺乏投入等原因、信息平台建设还未达标，有些甚至成了半拉子工程，只有机器却无法工作；二是综合信息平台建设只具备基础信息采集功能而缺乏政务事项办理功能，偏重于信息采集和查询，在为群众办事和解决问题方面相对较弱。对此，应做到：一是加强组织领导、加大投入力度，重点提升社区信息的网络平台建设，将纸质数据移到网络平台上，提升社区层面的信息采集和共享水平。二是加强社区依托信息平台提升政务处理和社区治理能力。信息平台不能只是为建设而建设，其最终目标在于通过平台建设提升治理能力。这需要在社区层面进行科学规划设计，开展网上咨询办理、服务热线呼叫、现场自助查询等系统功能，为居民群众提供网络、电话和窗口服务关联组合的一体化社区公共服务；同时，还需要地方政府简政放权，将涉及一些基础民生公共服务的职能下放到社区层面，通过社区信息平台进行办理，县区和市级部门加强网上审核和事后监管，提高工作效能，真正做到让数据多跑腿，让群众少跑路。

另一方面，依托信息技术，变一体化、单向式服务为精准化、菜单式服务。传统社区服务是一体化、单向式的，社区制定活动计划、设定服务内容，群众大多处于被动接受地位。在互联网时代，社区应将党员、志愿者队伍、社区社会组织和普通群众等各个群体通过信息化手段组织起来，依托门户网站、手机 APP、热线电话等平台，紧紧围绕群众需求，由群众自己“点菜”，决定或要求开展哪些活动、需要哪些服务，社区两委组织党员和志愿者队伍搞好“后勤”，尽量丰富“菜谱”并精准“上菜”，做好服务工作。例如，北京市石景山区引入“互联网+党建”概念，探索建设“一呼百应”党员综合服务系统，确保在职党员服务和群众需求“不脱钩”。该系统以组织和引导在职党员进社区开展志愿服务为切入点和着力点，依托微信公众号、门户网站、手机 APP，成立调度指挥中心，推行“居民点单、支部下单、党员接单”三单制服务模式，提升服务群众的针对性与实效性。“一呼百应”系统试点工作开展以来，在服务项目上，通过调研梳理出 4 个大类、54 小项的群众需求服务清单，群众根据需求进行点单，党员志愿者实时接单，提升了服务针对性。在志愿者管理方面，该系统实行积分制管理，志愿者注册时挑选适合自己的岗位，志愿服务结束后，服务对象通过系统进行评价打分，激发在职党员参与志愿服务的积极性。[①] 例如，有老人因行动不便通过“一呼百应”公众号发布上门理发需求，志愿者接单后为其提供上门服务；有家长因暑假期间无人给子女授课，通过“一呼百应”退休党员接单后上门教授孩子绘画技巧；组织下单发起的医院进社区免费义诊，15 名志愿者通过 APP 或微信公众号接单参加义诊活动。通过将党员、志愿者、群众在移动互联上组织起来，实现社区服务的精准化，推进了社区治理现代化水平，提升了群众的满意度和认同感。同时，通过引入评价机制、完善激励机制，信息化时代的社区治理成效更加巩固、治理动力更加持久。

四、完善热点事件、突发事件舆情监测和回应机制

很长一段时间以来，一些地方和部门在应对热点突发事件、尤其是负面事件时瞒报、缺位、乱为，影响了党和政府的公信力。对于社会关注的热点难点事件以及突发性事件，有关部门应保持高度敏感性，建立健全舆情监测分析和回应机制。

① 参见《北京石景山区开发建设“一呼百应”党员综合服务系统》，载《中国组织人事报》，2015－11－18。

具体来说，应做到以下几个方面：

一是在加强舆情监测的基础上，建立及时迅速的信息发布机制，主动回应社会关切。党和政府必须适应高速运转的网络时代和信息社会，对热点事件进行监测，对突发事件进行预警，同时应及时、主动对外发布消息，让自己成为媒体的消息来源，达到在事态升级之前引导舆论的效果，掌握舆论主动权。如果等到事态升级舆论发酵再进行回应，可能就会极为被动。迅速、翔实回应能够挤压谣言传播的空间，党和政府回应得早，谣言可能很快不攻自破；党和政府回应得越晚，谣言传播的范围可能就越广、影响的程度可能就越深，党和政府可能越被动，公信力可能就会受到影响。此外，回应的方式方法也应改进，无论是召开新闻发布会，还是发布新闻稿，不应选择性发布，而应在说清事实的基础上全面、翔实地回应社会的关切，重点放在回应民众认为重要的内容；介绍党和政府的努力行动不应过分夸大或渲染。2013 年 2 月，中部某省高速公路上发生事故，当地发布新闻通稿，“1 300 字的报道中，有 1 134 字表扬政府部门和官员如何辛苦工作，却没有出现一次伤亡人员或家属的名字”[①]。如此的回应方式，引发了广大网民的不满，招致了一片非议之声。

二是建立传统媒体的移动互联平台。就传播速度而言，过

---

① 《公权部门都该告别“通稿思维”》，载《新京报》，2013－06－04。

去电视比报纸快，现在网络比电视快，将来手机比网络快。未来的舆论高地将是移动互联领域。我们党掌握传统媒体工具如报纸和电视的绝对主导权，但由于互联网尤其是移动互联领域自媒体的普泛化、自主化、传播速度快、影响范围广等特点，控制难度大，只能引导、适应并扩大影响力。我们应充分发挥自身优势，实现报纸电视网络三者高度融合，实现优势互补，发出主流声音，抢占移动互联高地。例如，2013 年，薄熙来案在济南市中级人民法院受审，济南中院开通新浪微博全程文字直播，主动发声，迅速抢占舆论制高点和主导权，回应社会关切，产生了良好效果。这一举措也受到广大网友的好评，济南中院的微博迅速受到广大网民关注，粉丝从开始不到 1 万涨至 247 万，在中级人民法院微博关注粉丝数最多，跻身新浪政务法院类微博第四名，影响力位居前十。

三是研究对新闻标题改动的监管政策。网络的巨大信息量使得网民对新闻标题的关注往往超过内容，同样的内容配上不同的题目，其影响和方向就会有所不同甚至南辕北辙。一些网络媒体在转载平面媒体新闻时由于自行更改标题而引发不良影响的事例很多。例如，2012 年 5 月 29 日，《环球时报》发表题为《反腐败是中国社会发展的攻坚战》的社评，某门户网站当天转发时曲解个别词句，将文章标题改为《要允许中国适度腐败，民众应理解》，误导了读者阅读，在全社会造成了恶劣影响。建议加强研究对新闻标题改动的监管政策，由宣传部、网信办等部门进行监督，对标题改动歪曲原文并造成社会不良影响的，采取相应惩戒措施，以正本清源。

五、依托“互联网+”推进智慧城市建设

将互联网引入社会治理，应积极运用大数据、云计算、物联网等技术和贴吧、QQ、微信、微博、易信等平台，将“互联网+”运用到智慧城市建设的各方面，从而推进社会治理精细化。

一是打造多层次、立体式网络沟通交流与治理“生态链”。党委政府应借助新媒体平台，打造多层次、立体式网络沟通交流与治理平台，激发广大干部群众的参与热情。例如，可以通过微博、贴吧或热线电话进行收集社情民意、发布政务信息、接受社会监督、发布涉及民生的热点资讯；通过微信或易信等平台传达上级部署、掌握工作进度、提出指导意见、督促工作落实；通过线下落实办理、解决群众急难盼愿；再到网上反馈沟通，构筑社会治理的良性“生态链”。网络沟通交流与治理“生态链”将党委、政府的工作时刻置于群众的监督之下，及时回应群众关切与批评建议，延伸了社会治理触角，传递了真实和理性的声音，弘扬了为民、务实作风，引发了良好的“辐射效应”。

二是依托“互联网+”，推进智慧城市和社会治理创新。

充分利用移动通信、物联网、云计算等信息通信技术，实时感测、分析、处理、整合城市运行核心系统的各项关键数据和信息，将智慧城市建设与社会治理创新结合起来，让互联网服务于社会、服务于人民。包括：第一，以“互联网＋”推进社会治理网格化水平。变革传统网格化管理为网格化治理，网格化不是狭隘的以管控、监控和维稳为目的，而是通过网格化精准对接群众需求，使群众拥有更多的“获得感”。既要“网”物，运用大数据和云计算技术，将城市中的井盖、路灯、灯杆、垃圾站、公共卫生间进行“编号”并实时监测分析和维护，还要“网”人，网格员实时了解社情民意、矛盾纠纷并加以解决或者上报。第二，以“互联网＋”优化社会安全防控体系。加强社会治安防控网建设和公共交通安保工作，提升社会面动态控制能力，提高社会安全防控体系建设科技水平，加快公共安全视频监控系统建设。第三，以“互联网＋”推进智慧交通、精准医疗、精准养老等社会领域。交通、医疗、养老等既是公共服务领域，也是社会建设的重要内容。将“互联网＋”应用到社会建设各领域，有针对性地解决公共交通拥堵、医疗资源供需矛盾、养老服务滞后等现实问题，推进社会民生，提升群众获得感和满意度。

三是以“互联网＋”推进精准帮扶和精准志愿服务。包括：第一，通过“互联网＋”推进精准扶贫。加强和完善精准识别工作，同时给有条件的贫困地区搭建互联网创业平台，依托知名电商创建具有地域特色的分支平台，改善交通和基础设施项目，支持物流、快递入驻乡镇，对贫困家庭电商创业给予先期培训、政策优惠和帮扶指导，解决网络销售中存在的普遍性难点问题，提高营销信用，实现输血与造血相结合。第二，以“互联网+”推进社会慈善。可依托官办慈善机构成立互联网慈善信息平台，发布并审核需要慈善救助的个人、家庭或群体信息，积极运用网络尤其是移动互联进行传播，通过线上网络募捐和线下现场募捐相结合，将募捐行动精准定向到慈善救助对象，增强线上线下互动。同时通过网络平台加强监管，公开透明善款及流向，通过互联网增强社会慈善公信力。第三，以大数据推进社会扶助。将大数据技术运用于社会扶助中，使数据“活”起来、“用”起来。2016 年 3 月，南京理工大学实行“暖心饭卡”项目，通过筛选查找每个月在食堂吃饭超过 60 顿、平均每顿饭花费低于 7 元的学生作为资助对象，学校按照一天 3 顿、每顿 7 元，共 630 元的标准，中间的差额由学校来补足，剩余部分由学校对受资助学生的饭卡打钱，首批 301 人获得了从 11.63 元到 340.53 元不等的补助。整个过程无须填写申请表等程序，而是通过大数据精准定位，既提高效率降低成本，又保护了贫困学生的自尊心，取得了良好成效。[①]这一举措受到广大网友好评，建议总结经验，举一反三，

① 参见《暖心饭卡：绝密的“精准援助”》，载《中国科学报》，2016－03－31。

加以借鉴。第四，以“互联网＋”加强志愿服务的精准化，重点解决传统志愿服务信息不对称、不及时等问题，依托于互联网平台和志愿者组织，实现线上线下精准对接，及时有效开展志愿服务。建议在市县（区）一级由文明办、共青团等部门或共青团、妇联、工会等群团组织牵头，建立志愿服务综合信息平台并开发手机客户端和微信公众号，整合志愿者服务组织和志愿者个人，将所有志愿者组织和个人统一在平台登记注册，发布志愿信息。通过自媒体推广，扩大志愿信息服务平台知名度，引导群众在环境保护、医疗卫生、扶困助弱、心理辅导等各类志愿服务活动平台上发布需求，由志愿者实时认领，超过一定时限无人认领的由后台机构志愿者主管部门进行统一调配联系，实现了线上项目发布、资源调配、星级评定与线下志愿服务活动无缝对接，以志愿活动信息化推动社会帮扶精准化。

第 9 章

如何充分保护和利用国有数据资产

随着信息化与网络化的快速发展，人们开始高度重视数据的作用。数据资源成了当前重要的生产要素，将与传统的生产要素土地、劳动力和资本一样重要，它能驱动劳动力、生产资本、技术等其他要素配置更加富有效率。数据可分为以物理或电子的方式记录的数据。物理数据主要包括纸质版文档、各类文件、合同、报表等。电子数据主要包括数据库中存储的数据表、源代码、电子版文件等。在信息化时代的今天，人们所说的数据多指电子数据。数据有可能成为资产，但不是所有数据都能具备资产的属性。什么样的数据能够成为资产呢？人们一般认为，资产可以认为是企业拥有和控制的，能够用货币计量，并能够给企业带来经济利益的经济资源。因此，我们可以把数据资产定义为能够被企业拥有和控制、能够用货币来计量而且能为企业带来经济利益的数据。数据资产的类型有很多，常见的数据资产包括书面技术资料、数据与文档、技术软件、物理资产（主要指通信协议类）、员工与客户（包括竞争对手）、企业形象和声誉，以及服务等。国有数据资产就是指的国有企事业单位或者政府部门拥有或者控制的数据资产。在信息产业飞速发展的背景下，如何将我国拥有的数据资源转化为经济发展动力，是摆在政府和产业界面前的紧迫课题。

一、当前国有数据资产面临的问题

（一）数据资产安全问题

随着信息网络化的发展，人类社会进入了一个以数字化、网络化、智能化、互联化为特征的网络时代。各种数据信息都要在网络化的环境下获取、传播。由于网络的开放性以及由此带来的网络威胁的易发性和不可预见性，国有数据资产也面临着许多安全威胁。我们在推进社会信息公开、透明的同时，也带来了一系列的安全问题。根据有关专家的分析，在我国35％以上的网站很容易就可以侵入，75％以上的网站是危险的。近年来，数据资产安全问题发生的频率也越来越高，因此也越来越受到重视。比如一些政府或者企业的网站或者电脑会遭到黑客攻击，导致数据泄露，数据资产流失。特别是一些对数据高度依赖的企业如银行，如果数据被盗取，将会带来严重的或者致命的经济损失。对于一些重要的政府公共部门，如果其数据泄露还会导致严重的公共安全问题。在大数据时代，政府的大数据资产更容易成为攻击与盗窃的目标。因为大数据意味着数据的海量聚集与互相关联，这使得黑客一次成功的攻击能够获得更多的数据，无形中降低了黑客的进攻成本，增加了“收益率”。

（二）数据资产的法律保护问题

人们潜意识里把有形之物视为财产，而对信息、数据这类非实体物的权利意识相对单薄，使得与此相关的法律法规建设滞后，从而导致出现很多问题：（1）数据产权不清晰，交易混乱；（2）由数据产权、数据传播导致的纠纷大量出现却无法可依；（3）公共信息不完备、运行机制不透明，造成政府公信力低下；（4）监管缺位，数据安全风险居高不下；（5）数据泄露风险大，保护力度不够。特别是在大数据时代，数据资产的法律保护问题显得尤为突出。目前，我国已经制定了《政府信息公开条例》，这部法律虽然明确了全体社会公众享有知情权与信息获取权，但并未对政府信息的所有权、加工权、使用权和获益权等信息权利做出全面安排。这就使相关政府部门对信息资产的资产运营缺乏必要的积极性。在信息化快速发展的形势下，我们要加大数据相关的立法，建立健全的数据法制体系。当前我们要加快数据知识产权立法、数据管理立法和网络信息安全立法。只有这样才能更好地保护和利用国有数据资产，促进数据产业的健康发展。

（三）数据资产的合理利用问题

资产只有得到合理的利用，才能体现自身的价值，同时才能创造更多价值。我国政府手里掌握着大量的数据资产，但这些数据资产目前大多处于“闲置”状态，利用效率很低，无法作为生产要素积极参与价值的创造。原因之一在于我国还没有建立完善的信息管理体制。我国的信息化缺乏统一规划，是以部门为单位进行的，由此导致了各个行业各部门各有其独立的数据体系，缺乏统一的标准，形成了“条块分割”的信息孤岛和数据壁垒，各级部门之间的数据对接较难实现。我国虽然建成了大量纵向与横向的业务系统，但建设时期、建设主体、业务领域等的不同导致业务数据标准格式不统一，系统异构、数据异构导致政府在数据治理过程中面临着数据割据。统计、财政、税务、审计、公安、海关、档案等政府部门都拥有自己的数据库，却处于分割状态。从法律制度上来看，各个部门或者机构的数据因为相关法律法规的缺失而无法或者不愿公开、共享，导致信息缺乏共享、数据系统缺乏整合，使得政府庞大的数据资产大多处于闲置状态。此外，某些地方政府官员的服务意识不强，缺乏数据思维也是一个重要原因。另外，既然是数据资产，就要考虑保值增值的问题，如果听任这些资产处于沉睡之中贬值，是政府的不作为。当前，我们在运用市场机制对国有数据资产进行增值利用方面还缺乏相应的机制。

二、国有数据资产利用与保护对策建议

（一）加强数据资产安全保护

目前我国信息系统面临的威胁主要包括：（1）计算机病毒；（2）蠕虫；（3）木马；（4）僵尸网络。这些信息系统安全威胁给我国的国有数据资产带来很多安全隐患，我们必须采取措施来加强信息系统的安全，保护数据资产。目前我国采用的信息系统安全保护技术主要有防火墙技术、防毒技术、密码技术、密钥技术、网络安全防火墙技术和入侵检测技术。目前我国的信息技术自主研发能力不强，很多产品都高度依赖进口。这就使我们的信息系统安全“受制于人”，具有安全上的先天的脆弱性。因此，我们必须增强信息技术的自主研发能力，切实提高我国信息系统的技术防御能力。同时也要加强预警监测

体系的建设，做到防患于未然。随着信息化时代的快速推进与电子政务的发展，我国政府公共部门开始采用大数据技术。大数据是一个较新的事物，它的安全保障不能完全靠传统的信息安全技术。目前，我国许多大数据分析技术与平台都过于依赖国外，这样难以避免信息泄密的风险。我们要加强大数据安全的技术研发，大力开发我国自主可控的大数据技术与产品。要从大数据的存储、应用方面有针对性地应对数据安全威胁。此外，网络环境安全也是保证数据资产安全的一个重要方面。我国政务内、外网以及公共网络都有着“先天”的安全隐患。我们要实施网络空间治理，加强互联网信息内容管控，规范信息活动，保障网络与信息安全。在网络保护技术上不断更新，在网络通信、本地存储等方面加强对重要数据的防护，防止信息被损坏、篡改、泄露或被窃。

在数据资产的安全保障上技术固然重要，但人员管理更重要。根据美国 FBI 和 CSI 对 400 多家公司进行的网络安全调查：超过 85%的安全威胁来自内部管理人员，有 14%来自专利信息被窃取，有 12%来自内部人员的欺骗，而只有 5%是来自黑客的攻击；在损失金额上，由于内部人员泄密导致的损失要远远大于黑客和病毒所造成的损失。这组数据充分说明了内部管理不当所带来的严重危害。安全技术和产品再重要，也是要通过人来发挥作用的。对于政府数据资产而言，公务员是数据资产的管理者和操作者，他们负责对信息的收集、处理、整合、发布等工作。因此，我们要定期对公务人员进行培训，强化他们的信息安全意识，增强他们的信息安全技术能力，同时还要强化他们的规则与纪律意识。

（二）加强数据资产立法

随着信息化与网络化的飞速发展，我国原有的法律在数据资产的保护方面已经滞后于社会现实了。今后我们要加强数据资产知识产权立法、数据资产管理立法和网络信息安全立法。

1. 加强数据资产知识产权立法

信息化时代信息获取的低成本对数据知识产权和智力成果的保护构成很大的挑战。如今数据侵权行为已屡见不鲜，这些行为大都是在网络环境下进行的，大致有：复制侵权行为，如数字化复制和下载；传播与使用过程中的侵权行为，如私自在网上公布他人信息、利用网络传播转载他人作品等；非法解密与黑客侵权行为等。因此，我们亟待加强数据知识产权立法。确定各类数据的产权归属，制定数据采集、存储、加工、传递、检索等方面的法律法规。只有赋予数据知识产权，让数据生产者可以得到经济上的激励，才能促进数据的有效供给与数据市场的有序运转。我们的数据知识产权立法要做到以下几点：（1）对网络环境下新出现的数据库、软件、多媒体、电子出版权都纳入知识产权保护范围。（2）对网络环境下的侵权行为做出合理的界定。（3）加强大数据知识产权立法。大数据立法的要旨，是要在技术利用与价值保护之间取得一个合理的平衡点。一方面，需要保障数据的产权；另一方面，也要确保数据的充分利用与社会价值。要解决通过大数据整合获得的专利是否受到知识产权保护的问题。通过完善相关法律和司法解释，不仅能够使原专利权人的权利得以明确界定及有效保护，也能够使大数据时代下的衍生品得到法律保护。

2. 加强数据资产管理立法

目前，我国数据资产管理方面的立法有待加强。当前要尽快制定信息公开法，让数据开放和数据共享走向法制化轨道。政府机构已建、在建信息平台和信息系统要实现互联互通，不得新建孤立的信息平台和信息系统，不得设置技术壁垒妨碍信息流通。制定相应的法律法规明确数据的安全属性和资产属，明确政府、企业、公民等相关主体的权利、义务和责任。使政府各部门之间在信息产权、信息安全责任等方面有法可依。应加快制定信息交易法，规范数据交易行为。使数据资产交易遵循自愿、公平和诚实信用原则，依法订立合同，明确数据质量、交易价格、提交方式、数据使用等内容。在国家层面尚未制定出台大数据发展的相关法律法规前，地方政府可以结合《中华人民共和国政府信息公开条例》，尽早升级各地方性相关规章为地方性法规。可以抓紧研究制定出台大数据采集办法、大数据使用许可办法、大数据管理办法、大数据销毁办法、大数据安全责任办法等实施细则。

3. 加快网络信息安全立法

随着我国电子政务的推进，政府信息的生产、发布、传播都离不开网络环境。而网络具有的开放性和先天的脆弱性使我国的数据资产面临着安全隐患。为此，我们要加快网络信息安全立法，为我国的国有数据资产创造一个安全的网络环境。网络信息安全立法是一项综合性、长期性的工作。目前我国的网络信息安全立法方面没有一部综合性的网络信息安全基本法作为指导，无法形成具有适用性、针对性和前瞻性的法律体系。因此，我们将来的“网络信息安全法”应该具有前瞻性与整体指导性。该法应对网络使用者的权利和义务做出明确规定；对网络信息服务提供者设定严格的市场准入条件并明确其对于网络信息安全承担的义务以及法律责任；对网络产品和服务设定安全要求。此外，我们还要提升网络信息安全执法能力，建立网络信息安全执法体制，完善电子证据取证、证据采集和存储等方面的法律程序，使有关网络信息安全的刑事法律规范具有可操作性。建立信息安全执法部门，组建由政府部门和行业专家等共同组成的信息应急响应机构，提高我国对信息安全突发事件的应急处置能力。

（三）促进政府数据资产的利用

1. 激活政府数据资产

目前我国大部分政府数据资产仍处于闲置状态，要使这些数据资产得到充分利用，首要的任务是要激活它们。在我国，政府是信息资源的最大拥有者，但是它拥有的大多信息资源并没有产生实际经济利益。原因之一就是政府信息资源未能被有效激活。要激活这些数据信息，政府首先要做的就是信息开放。信息开放是指政府将其获得或占有的数据资源通过多种形式向社会公众开放利用的过程。信息开放可以产生以下几方面的作用：

第一，为各类主体利用政府数据信息创造价值提供了可能性，为它们对政府信息资产进行市场化运营创造了条件。目前，政府机关是可能利用政府数据信息实现利益增值的主要主体。它虽然实现了政府信息资产的增值，但其利用程度远远不够，利益增值也极为有限。政府信息开放既可以是政府机关相互之间的信息共享，也可以是政府机关向社会公众开放信息。前者通过政府机关之间的信息共享节省政府运行总体成本，从而从整体上优化政府管理和运行效能；后者则是通过向社会公众提供利用政府信息的机会使其实现利益增值或风险控制。占有或控制信息的政府有关部门向社会开放有关信息，促进了政府数据资产的有效利用，拓展了政府数据资产利益增值的空间。特别是在大数据时代，信息/数据对于市场经济的发展具有重要的经济价值。在大数据时代，政府要主动公开信息，从而为多元主体参与社会合作治理提供机会。信息由政府的垄断状态转变为面向社会大众的开放状态，必然能够促进信息资源的合理化利用，使整个社会资源围绕信息得到合理化配置，从而实现价值增值。

第二，可以创造社会效益。从总体上来讲，信息公开可以使信息在社会各界均匀分配，提高整个社会的运行效率。政府信息公开，可以使社会公众享有知情权，从而有利于实现政府、社会、民众之间的信息沟通，减少信息不对称引起的行政管理成本。可以加强民众对政府日常工作的监督，促进政府的民主决策和民主监督，提高政府的管理水平，增强政府各部门的服务意识，使政府更廉洁高效。在大数据时代，政府更应该加大信息公开的力度，主动公布相关数据，做到公开信息、公开数据，以备公众查询、质疑，使政府的数据资产充分地参与市场配置。

第三，可以提高政府管理与服务水平。一方面，通过激活国有数据资产，政府各部门可以以市场与价值的眼光重新审视闲置已久的信息资源，提高它们充分利用数据资产的意识，使它们真正认识到数据也是可以带来价值的资产，使它们在数据开放与共享中获利，进而增强它们打通数据孤岛的动力。另一方面，通过运用大数据技术，政府可以对不同种类、不同行业的数据进行集合分析，从而为政府决策提供更加准确、及时、科学的数据支撑，进而精准地把握市场动向与民众需求，实现政府管理与服务的科学化。

2. 加强政府信息资源整合，实现信息资源共享

我国政府提出要以信息共享、互联互通为重点，提升政府的信息管理能力，优化政务信息网络建设。为此，我们必须对现有的政府信息资源进行整合。政府信息资源的整合是一个系统工程，涉及政府信息管理的诸多方面。加强政府信息资源管理的整合要做到如下几点：

第一，加强政府信息资产信息化管理。“政府信息资产管理就是要全面记录政府信息资产及其运营情况，包括政府信息资产数量与质量及其功能、政府信息资产的使用权限、政府信息资产的密级、政府信息资产的使用状况与效益统计、政府信息资产重要度评估管理等。”① 目前，我国政府信息资产分散保存于不同的政府部门或者同一政府部门的不同地点，这就使政府对信息资产的统一管理与运营面临着很大的麻烦。因此，加强政府信息资产的信息管理，有利于准确掌握信息资产的数量与质量，便于政府对信息资产进行统一管控与运营。

第二，建立信息资源统一标准。标准化是信息化建设的前提，只有建立信息资源的统一标准，才能实现信息资源的有效管理和整体运营。为此，政府应对我国的信息化建设制定全面规划，制定统一的技术和业务标准，统一政府各部门信息的编

---

① 周毅：《政府信息资产及其运营策略研究》，载《理论与探索》，2009(6)。

码、处理、共享、交换标准。只有统一各行业、各部门的信息标准，才能整合现有的信息资源，充分利用国有数据资产。目前，政府信息资源标准主要包括：信息技术标准、信息管理标准和信息服务标准。三个标准互相关联，同等重要。三个标准任何一个出现问题，都会导致政府无法实现信息资源的标准化管理，从而影响政府信息资产的共享与整合。目前我国关于信息资源标准的研究大多停留在技术标准上，对信息管理标准和信息服务标准的研究亟待加强。

第三，消除政府部门政务流程中的“信息孤岛”，建立相对集中的信息资源中心及信息交换平台，消除“各自为政”的狭隘的部门利益。政府信息资源共享要打破政府机关的行政划分，用统一的信息平台来整合政府内部信息资源，重新组织工作流程。目前来看，政府部门之间的纵向信息共享较为容易，而政府部门与社会公众的横向信息共享还有很长的路要走。横向信息共享不仅要有统一的信息平台，更重要的是要以公众需求为中心，整合政府内部信息资源，打破政府机关行政划分，重新组织工作流程，由某一职能部门牵头，统一策划和协调，从而为公众提供个性化、一站式的政府服务。信息整合和信息共享是一个相对的、渐进的过程，因此需要循序渐进地分阶段分步骤进行，这样才能有效地连通已有的“信息孤岛”，抑制新的“信息孤岛”的产生，从而实现政府信息资源的整合，促进国有数据资产的充分与合理利用。

3. 政府数据资产的增值开发利用

政府部门的数据资产蕴含巨大的社会效益和经济效益，这些效益只有经过开发和利用才能得以显现。政府部门信息增值开发利用就是针对不同用户的需求，对原始信息进行分类、加工、整理和分析，使信息的资产价值增加。经过增值开发利用的公共部门信息，既满足了社会公众和组织对信息的需求，又使公共部门信息自身的使用价值得到增加。政府数据资产的增值开发利用要注意以下几点：（1）要明确政府信息增值开发的客体。不是所有的政府数据资产都可以进行增值开发，如涉及国家机密、商业秘密、个人隐私等方面的数据信息就不能进入市场。可供开发的是具有市场价值、以营利性行为为主的公共部门信息。这部分信息能够向全体社会成员公开且可以由各类市场主体来进行增值开发。（2）政府部门信息增值开发利用应该引入市场机制。政企分开是市场经济的内在要求，政府不能既做运动员又做裁判。因此，政府部门应该鼓励市场力量参与政府信息资产增值开发，而不是自己亲力亲为。同时政府部门还要对信息的增值开发利用活动严格监管。（3）政府部门信息增值开发利用的目的是以商业性为主。商业性是满足社会公众和组织对政府部门信息需求的有效途径。随着网络化大数据时代的到来，人们对信息与数据有了更加个性化多样化的需求，传统的政府部门信息已经不能满足当下的社会需求了，因此，非常有必要对政府部门信息进行而商业开发，来为不同的用户提供个性化、专业化的信息产品和服务。我们应该吸引更多的市场力量参与。市场化主体在开发个性化、专业化的信息产品和服务上有其独特的优势，能够开发和提供更符合市场需求的政府部门信息产品和服务。政府部门可以根据信息的性质以及应用目的采取形式各异的商业开发模式，如合同外包、特许经营等方式。运用市场机制开发种类更多的公共信息产品和服务，从而实现公共信息产品的有效供给。

4. 加强信息资源管理机制建设

要充分保护和利用国有数据资产，还必须转换政府职能。在网络化信息化背景下，我们要积极推行电子政务，提高国有数据资产的利用率，完善信息资源管理体制建设。这样才能降低行政成本，提高行政效率，促进服务型政府的建设。为此，我们要做到以下几点：

第一，设立专门的政府信息资源管理机构。在政府部门设立专门的政府信息资源管理机构，可以理顺政府的职能和权限，提高政府信息资产的管理效率。该机构主要负责制定和调整政府信息资源管理政策；对信息资源的采集、存储和利用做出宏观指导，制定统一的信息模式标准；监督并指导各个行政机构信息资源的利用以及向公众开放的情况。同时，信息资源管理机构还应该设置决策部门和执行部门，在实际工作中决策与执行分开，分工协作，实现管理的科学化与民主化，防止部门内部出现程序繁杂，互相推诿、扯皮的情况。

第二，加强政府信息资源开发利用的能力。很多政府信息资源开发利用项目可以进行市场化、社会化运作。政府要提高自身利用市场机制开发利用国有信息资源的能力。要吸引有实力有资质的市场主体参与国有数据资产的开发利用，并对它们的市场开发行为进行监督。在全球化飞速发展的今天，政府要学会利用国内与国外两个市场，既要学会和国际信息开发企业打交道，熟悉国际信息产业的发展态势以及相关的行业标准与规则，又要了解国内政府数据资产的特殊性与民众需求的多样性。对关于民生领域的关键信息资源，要加强政府各部门间的沟通与协调，提高政府的信息服务能力，促进政府管理能力创新。同时，随着大数据时代的到来，要转变政府工作观念，加强培养干部的大数据思维能力，用大数据思维来处理社会事务，将大数据运用到经济、社会的各个领域。

第 10 章

如何保障移动互联网时代的个人信息安全

随着互联网的不断发展，“在互联网上，没人知道你是一条狗”这句当初的互联网流行语正在逐渐褪色，“人肉搜索”、由于信息泄露而引发的诈骗等现象的出现已经让身处互联网的人们产生了明显的不安。特别是，当我们已经跨入移动互联网时代的今天，“便捷”和“安全”之间的矛盾似乎更加凸显。如何保障移动互联网条件下的个人信息安全，对于建设和发展移动互联网显得格外重要。

一、移动互联网环境下的个人信息安全风险

个人信息安全一直是互联网管理的一大难题。2011 年，中国最大的 IT 技术社区——中国软件开发联盟（CSDN）被爆用户数据库遭泄露，有将近 600 多万个账号密码以明文的形式摆在网上供人下载，堪称史上最大规模的用户信息泄露事件。随后，该事件引发“蝴蝶效应”，京东、当当、美团等众多知名网站集体泄密，引起了社会各界的广泛关注。目前，个人信息的泄露已经成为电信骚扰和网络盗号、网络诈骗等网络犯罪频发的首要原因。《中国网民权益保护调查报告（2015）》显示，网民因个人信息泄露、垃圾信息、诈骗信息等现象，导致总体损失约 805 亿元，人均 124 元。

尽管如此，伴随着人们对网络依赖性的与日俱增，网民数量持续快速增长。2016 年 1 月，中国互联网信息中心发布第 37 次《中国互联网络发展状况统计报告》。报告显示截至 2015 年 12 月，中国网民数量达 6.88 亿，其中手机网民规模达 6.2 亿，占比提升至 90.1%。可见，半数中国人已经接入互联网，更值得注意的是，网民个人上网设备进一步向手机端集中，移动互联网发展迅猛。

与移动互联网的迅猛发展相伴而来的是网络个人信息的井

喷式增长。4G 时代的逐步开启使得移动智能手机终端广泛普及，功能大大拓展，移动购物、移动娱乐、社交、手机理财、移动办公等创新应用层出不穷，并与人们日常生活深度融合，成为大量个人信息的聚集口［个人的自然、社会信息以及网上身份信息；搜索内容记录、支付记录、阅读记录等记录信息；使用即时通信应用以及移动社交网站所产生的分享互动信息等；位置信息、移动端文件信息（如照片、通讯录等）等］，但同时也是极为便捷的、辐射面更广的传播媒介端。因此，在移动网络条件下，多样化、数据量庞大的个人信息安全风险进一步复杂化。

二、移动互联网环境下个人信息安全遭遇威胁的主要因素

1. 应用程序（APP）过度获取个人信息

移动互联网时代，第三方开发或维护的应用软件向用户提供了无所不在的个性化服务，但同时也掌握了大量用户个人信息。过度获取个人信息是指应用程序凭借其设置在移动智能终端上各种各样的传感器（例如定位模块、摄像头等）采集未经用户授权或超越服务功能所需之外的个人信息。比如许多游戏软件要求短消息读取和发送的权限，而类似于打车、团购应用

软件都需要根据用户的当前位置推荐个性化的查询结果。此外，收集信息的过程中往往存在霸王条款，安装程序的同时默认获取各项个人信息，用户只能选择不安装或被迫接受。安装前的告知也往往并未涉及获取数据的用途以及如何保护这些个人隐私信息。

2. 恶意程序的信息窃取

随着智能移动终端特别是智能手机的逐渐普及，包括陷门、逻辑炸弹、特洛伊木马、蠕虫等在内的恶意程序夹杂在五花八门的应用软件中呈现出激增的态势。恶意程序大多通过非正规应用商店论坛、刷机、短信链接和二维码等途径扩散传播，可通过感染手机后，后台收集用户的短信、通话、位置等个人隐秘性信息并联网或通过短信外发。对于缺乏专业知识的个人用户群体来说，对于混杂在各种应用软件中的恶意程序往往难以辨识，唯一能做的就是在下载应用软件时提高警惕，选择正规商城、正规的网站下载，从而处于明显的弱势地位。

3. 移动终端用户个人信息安全意识和防护行为的缺失

移动互联网环境下智能终端特别是智能手机功能被发挥到了极致，渗透到学习、生活和工作中。人们在畅享移动互联网带来的便捷的同时，却容易忽视对自己手机中个人信息安全的保护，从而使个人的某些行为成为对自身信息安全造成威胁的因素。一方面是对智能手机及手机卡的丢弃和转让行为所引发的个人信息泄露。另一方面是用户毫不设防地分享与日常操作习惯，例如为方便起见，在手机中或网页上保留账号、密码，在社交网站上分享自己的照片、地理位置等。这些毫不设防或简单设防的个人信息，在互联网上可以被轻易获取和利用，而一旦手机丢失或者被植入病毒，手机上的全部关键个人信息将很容易泄露，风险巨大。

4. 黑色数据交易产业链的存在

正所谓“没有买卖就没有伤害”，个人信息安全受到威胁的重要原因正是因为其具有高价值性而形成的黑色数据交易产业链：一是行业或企业之间互相交换各自所掌握的个人信息；二是将掌握的用户个人信息出售给信息的需要者。例如，移动互联网条件下，用户的个人身份信息和网络行为信息可以贩卖给推广营销机构和调研机构；移动网络社交信息贩卖给诈骗团伙。个人信息一层层被贩卖并用尽其价值，形成了黑色信息交易链，而这个产业链正是由市场对隐私和数据的需求所形成的，并非个人主导，而是整个市场生态环境的问题，显示出一种良性的商业运行规则的缺失，惩治个人行为治标不治本。

5. 移动网络服务提供商对个人信息保护缺乏责任意识

纵观近几年来的信息泄露事件以及安全事故，可以发现网络服务提供商在对个人信息安全保护上有着明显缺失：一是忽视用户利益，安全投入低。网络服务提供商多采取“保守”措施，老旧的信息安全防护方法往往与日新月异的 IT 技术脱节，平台管理存在安全漏洞并长期得不到改善。二是缺乏完善的隐私政策。在收集利用网民个人信息上，整个互联网经济基本处于灰色边缘地带，在收集和使用个人信息上缺乏公开透明的说明，用户基本处于弱势地位。三是危机事件发生后，应对较消极。在发生信息泄露或安全漏洞等危机事件被曝光后，大多数企业会迫于舆论压力发表声明，后续处理敷衍了之。而没有被曝光的，则多是选择隐瞒用户。

6. 法律保护缺乏针对性，行政执法力度弱

在 2016 年“两会”上，全国人大常委会工作报告中明确表示，今后一年主要任务中就包括了制定“网络安全法”等法案。相比起以往仅依靠法规或司法解释来维护个人信息安全的局面，这是一大进步。尽管如此，对于移动互联网的迅猛发展以及随之而来的个人信息安全面临的新情况、新风险来说，法律保护仍然处于相对滞后的状态，对于解决移动互联网环境下的个人信息安全问题缺乏足够的针对性。现实中，移动网络用户在涉及个人信息泄露时，实际维权难度极大。此外，法律规定监管部门对于网络服务提供者在搜集使用、保管个人信息过程中的违法行为具有进行查处、处罚、调查的职责，但实际来看，真正受到行政处罚的案例少之又少。作为拥有更多力量和执法手段的行政机关，在个人信息保护领域作用发挥明显不足。

除了上述法律、市场、行业、个人意识等因素外，移动互联网环境下个人信息安全还涉及道德层面的因素，大众的窥私心理所引发的“人肉搜索”等网络暴力行为也会造成个人信息侵权，所以个人信息安全牵涉多方利益，如何解决这一难题需要多管齐下、多措并举。

三、移动互联网环境下个人信息保护的对策与建议

2016 年 1 月，国内知名民调公司零点研究咨询集团关于 2015 年网络生态环境变化的调查显示，针对各类网络不安全因素，网民最担忧的是“个人信息泄露”。万众期待之下，如何保障移动互联网环境下的个人信息安全、促进互联网行业的良性发展已成为亟须解决的问题，而这需要从国家、行业、社会、个人等多个层面寻求突破。

（一）国家层面

移动互联网环境下，从国家层面进行个人信息保护，需要从多个角度寻求突破。

1. 法制角度：加快立法进程，加大执法力度

一是呼应民间立法需求，从国家层面强化个人信息保护理念。

在网络隐私保护问题方面，我国仅有《计算机信息网络国际联网安全保护管理办法》和《中华人民共和国计算机信息网

络国际联网管理暂行规定实施办法》以及2013年2月实施的首个个人信息保护国家标准——《信息安全技术公共及商用服务信息系统个人信息保护指南》，都没有上升到法律的高度，约束力和威慑力不足。由此可推知我们在较长时间内都没有认识到保护个人信息的重要性，而多数发达国家早在20世纪70年代前后已基本健全个人信息保护法。我国属大陆法系，个人信息保护立法的缺失会使得受害者欲告无门，特别是伴随着移动互联网的迅猛发展以及即将到来的物联网时代，个人信息保护问题又呈现出新的态势与挑战，不采取有力法律措施，问题将积累并愈演愈烈。另一个角度来看，如果因为个人信息安全受到威胁而又缺乏法律保护，对于网络的抵触和排斥情绪将可能随之而来，这与国家推动“互联网＋”战略显然背道而驰。同时，加强个人信息保护立法也是广大民众的现实、迫切需求，根据2016年1月零点研究咨询集团关于2015年网络生态环境变化的调查显示，98.1％的网民支持对网络安全专门立法。为此，站在国家管理层的高度，理应呼应民间立法需求、强化个人信息保护理念。

二是从行动上加快立法进程，做到有法可依。

首先是要加快“个人信息法”的出台，并且基于其颁布相应配套的法律条例，确保实用性和可操作性。鉴于法律条文的相对稳定性，“个人信息法”应该建立在充分调研的基础上，充分发挥互联网行业、教研机构以及民间机构、公众在其中的建言献策作用，确保适应当前移动互联网发展的新形势并具有一定的前瞻性，对于即将到来的物联网时代必然产生的新问题有充分的分析和预计。其次是注重立法的科学性。在对个人隐私信息进行合理界定、对移动终端隐私数据合理分级、对应用程序收集和使用隐私数据全面规范的同时，应确保个人信息权利被侵害时得到有效救济。我国有关个人信息保护的法律在规定对当事人的救济措施时，更多的是让违法之人承担行政和刑事方面的责任，缺乏对受害人的民事补偿。此外，建议引入隐私权保护案件中的举证责任倒置制度，取消原有的“谁主张谁举证”的制度，从而改善现有个人信息泄露案件中取证难的问题。

三是加大执法力度，做到执法必严，违法必究。

做到了有法可依，接下来就是严格执法。首先是加强执法队伍和执法机构的建设。目前我国警方在发现、侦破和打击移动互联网犯罪方面的能力仍有所欠缺，迅速培养组建一支熟悉移动互联网和计算机的网络警察队伍，是打击移动互联网科技型犯罪、维护移动互联网发展秩序的有效武器。要依据法律严判、重判造成信息安全事故的责任人员和违法犯罪，起到震慑作用。其次是要形成合力。网络警察和一线警力形成有效的联动机制，在整个执法行动上形成统一配合、线上线下双拳出击，对移动互联网犯罪形成有效打击。我国的个人信息保护立法中还应考虑设置统一监督机关，予其监督个人信息保护法的执行等职能，并确保其拥有独立的法律地位。

2. 市场角度：打击黑色数据交易产业链，实施互联网产业引导

从市场角度分析，黑色数据交易产业链的形成源于个人信息市场价值的存在。加强对信息市场的管理，首先应当在“管理”与“利益”之间寻求均衡，避免“一刀切”。移动互联网时代，商家注重利用各种技术手段来收集智能手机上人们的个人信息和活动记录，并利用云计算、数据挖掘等工具来分析这些信息，一则为指导自身的营销战略，二则为精准的广告投放奠定基础。如此来看，恰当地分析利用个人信息对于企业朝着更符合用户需求的方向发展是有重要价值和作用的。而违背个人意愿或在个人不知情的情况下交换或贩卖信息，虽与企业利益相关，但属于“不正当利益”，应该加以管制。

为此，从国家层面加强对信息市场的管理，不应违背市场对个人信息的“客观需求”，一方面要将信息的搜集和使用放到“明处”，通过立法和信息流通监管确保企业做到：对个人信息的搜集和使用公开透明，保证用户的知情权；给用户选择设置隐私级别的权利；使个人信息的搜集真正作用于个性化服务的提供。另一方面就是要切断处于“暗处”的黑色数据交易产业链，明令禁止并严厉打击信息贩卖行为。数据经济时代商机无限，国家应该引导广大企业积极探寻移动互联网领域良性的盈利模式。

其次是以积极政策引导互联网产业发展。一是形成引导企业信息安全技术更新的市场政策。互联网条件下技术和环境快速更新迭代，面对巨大的成本压力，许多企业在发展中选择延缓技术更新、以增加风险的代价来避免技术成本的过度增长。因此，政府应当通过税务减免、优惠等政策对移动互联网企业的信息安全技术更新进行引导，帮助企业适当减轻信息安全成本。二是扶持信息安全服务发展的产业政策。保持较高的信息安全水平需要专业的信息安全团队和持续的安全成本投入，这对新生和中小规模的移动互联网企业来说十分艰难。我国政府可以借鉴美俄等国的经验，通过发展互联网信息安全服务产业来解决企业成本和安全的矛盾，例如美国的赛门铁克公司和俄罗斯的卡巴斯基实验室。

3. 技术角度：加强信息安全技术的研发与应用管理

针对移动互联网环境下个人信息泄露问题，技术防护必不可少。但处于“利益”与“责任”之间的博弈，想要单纯依靠互联网企业来加强信息安全技术的研发和应用，显然不现实。这就需要国家层面的努力，政府应加大对信息安全技术研发的力度，创造有利的条件和氛围，鼓励有技术能力的企业并同时融入广大的科研机构和高效研究力量，加大对信息安全和相关领域的研究，确保网民的个人信息得到有效技术保障。

一是从移动终端的安全角度加强技术研发和应用，增强移动操作系统自身的安全，强化对应用的管控，开发不同移动操作系统下的杀毒软件，针对移动终端较小的存储和电能进行优化，增强移动终端的保密防盗功能。

二是保证个人信息传输安全，特别是公共网络上的信息传输，充分运用信息加密技术并定期检查是否存在搭线窃听等侵害用户个人信息的行为。

三是提高网站安全性，研发更为高端的网络安全技术来阻止黑客的攻击，保证网民安全上网，震慑并阻止黑客对网络的攻击行为。同时，政府相关部门应与研究机构合作建立事故响应机制，及时响应移动互联网的安全事故。

4. 宣传教育角度：构建全面普及的信息安全宣传教育机制

面对个人信息安全事件高发的态势，构建全面普及的宣传教育机制、全面提高我国移动互联网用户的安全意识和主动防护能力迫在眉睫。

一是形成简单易懂的移动互联网安全行为准则并加以宣传。信息安全问题是通信技术发展的伴生问题，专业性强，没有必要对相关知识进行大范围科普。从通常的宣传效果来看，形成简明易懂的宣传口号、标语，如“请勿打开不明短信链接”“请勿安装来源未经认证的手机应用”等，通过政务短信、公益广告或其他公共媒体渠道进行宣传教育，在潜移默化中帮助网络用户形成安全意识。

二是将信息安全知识纳入基础教育中。随着移动互联网覆盖面的拓展，青少年这一相对缺少相关知识和阅历的用户群将不断扩大，面对信息安全威胁，更加容易发生安全事件。工业和信息化部可以联合教育部门，将信息安全基础知识、案例融入计算机相关课程内，在青少年中普及信息安全知识和意识。

三是加强专业人员培养。目前我国专门设置信息安全专业的高校寥寥无几，信息安全相关从业人员中绝大多数出身于计算机或软件专业。教育部门应当负责确立信息安全教育的地位，使其成为高等教育的一部分，开设独立专业课程，拓宽人才培养渠道。同时，建议政府加大对信息安全教育的财政预算投入，划拨专项的研究和教育基金。

四是在加强个人信息安全防护宣传教育的同时，加强弘扬传统美德的力度，树立自觉保护别人个人信息的道德观念，促进道德舆论监督力量的形成。

5. 对外交流角度：加强国际交流和合作，借鉴他国成功经验

作为互联网技术发展的伴生问题，如何保障移动互联网环境下的个人信息安全是一个世界性的研究课题。例如 2013 年 Adobe 公司 3 800 万名用户密码被泄露，2012 年苹果公司 1 200 万个苹果设备 ID（包括用户姓名、手机号码、地址等信息）被泄露。但比较来看，当前我国关于个人信息的整体保护体系与一些发达国家相比仍然存在较大差距，如欧盟已实施

《欧盟数据保护指令》，相对欧盟主张的法律保护模式，美国则倡导对个人信息保护采用行业自律模式，并且在行业保护方面积累了丰富的经验，韩国与日本等国也出台了相关的个人信息保护法律条例。因此，我国应该在个人信息保护方面增加国际交流和合作，认真学习和借鉴国外先进经验，拓展与国外著名研究机构的合作，及时了解和把握安全技术发展的方向。

（二）互联网行业层面

从互联网行业发展的角度来看，如果网络用户由于安全顾虑而减少对网络的依赖，于互联网发展并不是什么好事。因此，对于互联网行业来说，首先要按照法律的规定，履行安全保障的义务；其次，要在管理、技术上投入力量，建立严格的行业规范，创造有利于自身发展的良性环境。

1. 制定行业组织自律规则

互联网行业应当成立由网站服务商、互联网企业和移动运营商等组成的行业个人信息保护协会，从长远发展的角度，关注用户、重视用户利益，制定尽可能详细的行业规范，通过加强自律把整个行业带上良性的发展道路。第一，制定用户个人信息保护声明并确保用户可以充分阅读和了解。第二，不私自搜集、泄露和使用用户的个人信息，如确有需求，应在说明用途以及可能带来的风险的基础上向信息主体征求意见，并及时向信息主体反馈信息使用情况。第三，相关网站有义务采取一定的安全措施保护用户个人信息，开发具备良好隐私保护的产品。第四，未经信息主体同意，不得将其个人信息提供给第三方使用。第五，成立行业内移动互联网用户隐私泄露安全举报中心。

2. 建立安全审查测评体系

从目前来看，衡量一个应用程序的指标往往是其功能和下载量，其安全度、隐私保护度并未纳入衡量指标。这就需要在整个行业发展中，各相关部门共同成立一个权威的监管机构，通过严格的标准和系统检测程序建立移动应用软件安全测评体系，只有经过考评体系的才能进入应用商城，而在应用商城内关于应用程序的推荐排行榜避免仅以“热门”“下载量”为指标，而要把其安全性、隐私保护程度同样列入排行榜指标体系。如此，可在潜移默化中对用户的选择行为构成影响，间接增强用户的个人信息安全意识，同时，也引导了程序开发商的思维模式。

3. 加强网络主体从业人员的行为自律

保护网络用户的个人信息安全和网络隐私，网络主体从业人员的自律十分重要，从现实来看，网络从业人员为个人获利而私自窃取客户个人信息的案例不在少数。目前很多网络主体人员在从事网络信息服务时，面对各种行为选择时会茫然不知所措，因此有必要建立信息技术使用者的道德准则，要求信息使用者不应非法侵犯他人信息系统。当为网络主体从业人员提供了相应的伦理准则，建立了明确的网络行为规范，个体才能有是非评判标准，才能逐渐树立伦理意识。良好的信息伦理意识一旦形成，将发展成为行为主体的内在自觉。

（三）社会层面

由于涉及范围广、利益关系交错复杂，移动互联网环境下的个人信息安全问题自然需要政府、企业、社会多方位的参与。其中，社会能量应当得到充分的重视和利用。

1. 充分发挥第三方机构力量

从现实案例来看，网络上的各种黑客、暴力攻击等行为是能够通过技术手段做到预判和防护，从而可以将损失降到最低。为此，每个国家都会培养专业的信息安全技术队伍，而在社会中也不乏这样一些信息安全“志愿者”，他们或者出于对网络技术的兴趣爱好，或者出于对网络安全的个人使命感。因此，保障移动互联网环境下的个人信息安全也应该发动除政府、互联网厂商外的社会第三方力量。

这里不得不提“乌云网”（WooYun）。乌云网是国内一个立足于计算机厂商和安全研究者之间的安全问题反馈及发布平台，用户可以在线提交发现的网站安全漏洞，企业用户也可通过该平台获知自己网站的漏报。乌云网聚集了黑客里边的“白帽子”，他们有极强的安全敏感性，能够很快发现潜藏的漏洞，一方面让厂商及时发现和修复问题，不再像以往对所存在的问题和漏洞茫然不知；另一方面在平台上积累、共享真实漏洞，可供技术人员在开发产品时参考，提前规避类似错误；此外还会对一些新兴和频发的安全问题进行预警，帮助最终用户增强安全意识，使其在向企业提供个人信息的时候能意识到自己将会承担的风险。

重视和发展类似于“乌云网”这样的社会力量，将安全理念根植于用户和商家，对于改善信息安全的整体状况的作用不容小觑。

2. 借助媒体力量

当前，网络和媒体已经是相互融合、不可分割。而加强个人信息安全保障建设、营造健康网络生态自然离不开媒体力量。

一是发挥媒体的监督力量。从以往来看，大的个人信息泄露事件往往都是通过媒体的报道传播开来。一方面，许多网络用户对于个人信息已经遭遇到的安全威胁并不敏感，媒体的揭露无疑是对大众的最直接有效的提醒；另一方面，许多互联网企业对于个人信息安全秉承无关紧要的态度，缺乏责任感，媒体的报道揭露对其无疑是最好的鞭策。

二是发挥媒体的宣传力量。处于移动互联网时代的人们，每天通过智能终端获取大量媒体信息，通过媒体传播个人信息安全知识、发布信息安全提示，无疑是最直接、扩散面最大也最容易被接受的途径。这就需要媒体有一定的信息安全责任感和担当，增强对个人信息安全的宣传设计，确保宣传效果。

三是媒体自我约束。作为直接面向大众的媒体，其在报道中所展现和秉承的态度，很大程度上引领着社会风气。对于一些社会热点事件，某些不良媒体往往会以博取阅读量、吸引眼球从而实现经济利益为目的，挖掘和传播当事人的个人隐私信息，这是违背对个人隐私尊重和保护的反面教材，应该加以禁止。

3. 发挥网民自身力量

移动互联网发展所形成的自媒体时代，每个人都成为网络话语主体，特别是微博的实时交互性和无限传播性，可以使小的事件无限扩大，类似案例不胜枚举。网络可谓是“正能量”和“反能量”交流汇集的空间。在个人信息安全保障建设中，借助和发挥网民自身力量，就是要充分发挥网络正能量。借助一些关注度高、有影响力而又对信息安全认同并有责任感的网民，发起个人信息安全讨论，发布信息安全提示，分享信息安全案例，倡导网络文明行为等，形成网络社会的自我扩散。

（四）个人层面

1. 强化个人信息的自我保护意识

毫无疑问，个人在其信息保护上是第一责任人。网络隐私信息的保护重在网民自我保护，主要包括：

（1）树立正确的个人信息保护观念，摒弃之前对个人信息被侵犯所持有的无所谓态度。

（2）培养良好的上网习惯，包括定时查杀病毒和修补漏洞、及时处理网络设备中存留的 cookie 和浏览痕迹等信息、重要资料做好备份并加密存储、系统登录的账号密码应增加复杂度、在使用习惯上避免“记住密码”等未设防性的行为、不随意打开未知链接、不浏览不正规网站或随意下载安装应用、在正规通信运营商处维修维护移动终端等。

（3）在社交中加强个人重要信息的保护，不随便对别人透露或者公开自己的个人专属性信息。

（4）学习相关的信息安全技术，学会利用基本的技术手段保护个人信息。

2. 学会用法律武器自我维权

从现实来看，在因个人信息泄露而导致被犯罪分子侵害时，仅有少数人进行过投诉或提起过诉讼，并且在这些人中也只有极少数人获得了救济或者达到了目的。这固然跟我们个人信息保护的整体法律环境不健全、相关部门执法不力等因素有关，但受害者个人法律意识的淡薄也是原因之一。因此，从个人层面来讲，增强自我维权意识也是推动整个国家、整个行业强化个人信息保护的重要力量。主要包括以下几个方面：

（1）培养对个人信息保护的敏锐性和大局意识。从西方一些民众法律意识较强的国家来看，每当互联网企业的规定不合理或运行中存在可能威胁个人信息安全的漏洞时，网民都会以拒绝使用、集体声讨等各种方式提出抗议，促使互联网企业必须对相关漏洞加以改进，从而推动互联网行业规范不断完善并适应新的形势。因此，通过法律维权，并不单指要在个人信息遭到实质性危害后的解决，而是通过基本的法律意识在问题发生之前做到防患于未然。

（2）主动学习和积累相关的法律知识，学会运用法律条例保障自己所拥有的个人信息权利，坚决打击侵犯本人个人信息的行为。

（3）将法律意识融入个人行为习惯中，对于用户个人，在使用网络服务时应该提高对个人信息安全的警惕性，出现异常状况可采取电话录音等方式进行存证。

3. 安全体系中的道德建设

保护网络隐私还是一项基本的社会道德伦理要求。例如“人肉搜索”，某种程度上可以认为是对现实道德的约束，但其终究是对个人信息的侵犯，是对大众隐私的破坏。因此，对于约束类似于“人肉搜索”行为可能造成的伤害，更多地要依靠加强互联网网民的上网行为的自律约束，建设一套网络道德伦理规范体系。

网络道德和现实生活当中最基本的道德准则是高度一致的。网络行为个体必须把握几点：第一，网络社会同样必须遵守法律规则，恪守网络规定，不能将网络看作不受道德约束的“荒地”；第二，网络社会是现实当中人的关系的延伸，因此，也应该保持现实当中人与人之间应有的尊重，避免对个人隐私空间的无理侵犯；第三，以正确的价值观引导个人对事件和行为的是非判断，做到有所为有所不为，避免盲目的“猎奇”心理和跟风行为对他人隐私信息造成侵害。

第 11 章

如何保障中国国家大数据安全

大数据如同一把双刃剑，在给人们带来便利的同时也带来了安全隐患，在国家间的政治、经济、军事、科技等领域的竞争中，拥有数据优势一方将占有主动和优势地位。目前我国已经是一个数据大国，但远不是一个数据强国。随着世界各国对数据依赖程度的快速上升，国际竞争焦点也正从对资本、土地、资源的争夺转向对数据的争夺，维护数据主权成为国家主权的重要内容。一方面，世界主要技术强国利用其信息技术优势监控我国网络，采取多种手段窃取我国核心要害部门机密信息，并从海量数据中挖掘我国政治、社会、经济、军事、能源、科技等领域情报信息，这严重威胁着我国国家安全；另一方面，随着云计算等新一代信息技术的加速应用普及，我国重要领域数据、公民身份数据、日常行为等数据存储服务器上，且数据多存储在境外服务器上，如果这些数据的安全性得不到有效保障，将给国家、企业和个人的安全带来严重的危害。为应对大数据面临的安全挑战，无论是在学术界、企业界还是在国家层次，都对数据安全予以了足够的重视。如我国相继颁布了《全国人民代表大会关于加强网络信息保护的决定》《电信和互联网用户个人信息保护规定》等法律法规以及多部涉及数据保护的部门规章，发布国家和行业的网络个人信息保护相关标准，在国家和行业层面开展了以数据安全为重点的安全防护检查，取得一定成效。但总体看，由于我国大数据基础设施薄弱、关键核心硬软件尚不能自主可控，大数据安全立法缺失、专用保护技术不足、数据安全评估不够等问题突出，数据安全保障能力亟待进一步提升。因此，应从当前面临的数据安全挑战出发，多管齐下，多措并举，构建全面的数据安全保护体系，着力提升我国大数据安全保障能力。

一、从国家战略高度统筹规划大数据安全

大数据安全涉及范围广、应用价值高，不同主体对数据安全的关切重点和关切程度各不一样。对于国家而言，最大的关

切是政权安全，即在国际上的主权不为外部势力所支配。在某种程度上，大数据已经成为了继陆、海、空、天之外的国家第五大主权，即数据主权。没有数据安全就没有国家安全，对于数据安全问题，许多国家都表现出了非比寻常的重视。这就决定了大数据安全不是哪一个或几个部门、行业或企业可以解决的，需要从国家战略高度，将大数据安全提升到国家安全、社会稳定和公民权益的高度，加强大数据安全体系的顶层设计。对大数据安全发展做出正确的战略判断和战略预见，确定国家大数据安全建设的总体思路、战略目标和优先秩序，厘清大数据共享与保密、效益与安全的关系，制定大数据安全发展综合规划和行动计划，整合健全信息安全组织管理机构，强化统一领导和协调，合理分配资源，促使信息安全逐步朝着体系化、规范化、协调化和融合化的方向发展。

1. 全面实施大数据安全国家战略，加强顶层设计

完善的战略政策是发展大数据、防范大数据安全的重要保障。目前，我国还处于大数据发展起步阶段，无论是大数据基础设施、数据分析、处理和利用能力，还是专业人才水平以及国民大数据安全意识，与我国所面临的数据安全挑战都不相适应。在这种背景下，传统的端级防护、单点布防安全解决方案能起到的作用甚微，任何个人、企业、组织都无法单独对抗大数据安全的全面挑战，安全产业链协同成为必然趋势。但由于安全产业链过于复杂冗长，任何一个环节受到攻击、破坏都将给整个产业链带来不可估量的损失。因此，保护大数据安全需要在政府主管部门的统一协调管控之下，需要将大数据安全上升为国家战略，加强顶层设计和政策支持，明确保障大数据安全建设的指导思想、发展目标、发展重点和实施路线图等，稳步推进。一是顶层设计与政策落实并重，深化数据安全政策导向。世界各国纷纷将大数据安全作为国家战略的重要组成部分，对数据安全政策进行单独说明。美国亦将大数据安全上升到国家战略层次，宣布对美国的大数据、网络空间的攻击行为视同为对美国的战争，美国可运用包括核武器在内的一切手段予以还击；法国“未来投资计划”有力推动云计算数据安全保护政策落实。英国从国家层面实施了一个实测开放政府数据保护政策应用效果的项目，全面检查英国大数据安全领域存在的隐患。日本 2013 年在《创建最尖端 IT 战略》中明确规定将开放公共数据和大数据保护作为国家战略。我国应适时宣布将大数据安全作为国家战略安全的重要组成部分，无论是个人数据、企业数据还是政府数据，都要纳入主权范围里面来考虑，对大数据的攻击、盗取、篡改以及对网络基础设备的破坏活动都应视为犯罪行为。特别是对于来自境外的攻击、破坏，且造成重大损失的，可视为恐怖活动，甚至是战争挑衅，应该给予坚决的回击。二是规划重点领域的大数据安全研究计划，布局关键技术研发方向，强化大数据基础设施建设和人才培养，加强对大数据安全研究、产品的扶持，做好体制机制、资金、法规标准等方面的保障，真正将促进大数据安全发展提升为一种国家行动，为后期专项政策制定、项目规划等提供依据。三是借鉴国外政府大数据安全保障经验，制定符合我国国情的大数据安全配套政策路线图，注重从战略技术能力储备和战略应用实施两个角度，落实相关部门职责，确保我国大数据安全。

2. 构建大数据安全政府监管机制

保障大数据安全，离不开来自政府、行业（企业）监管和自律，综合实现自上而下的监管和行业内部自律相结合的大数据安全保障机制。首先重点构建政府监管和行业自律机制。一是加强统筹协调和组织保障，建议在中央网络安全和信息化领导小组的统筹领导下，构建国家部委行业监管和行政区域监管的矩阵式监管体系，督促大数据运营单位落实建立安全组织机构，层层落实安全管理责任。二是加强分类分级管理，实施大数据等级保护制度，按照行业领域、数据价值、数据特征等属性进行分类管理，严格实施大数据基础平台建设和数据应用的"事前"审批制度，强化落实数据脱敏、信息定密、风险评估、数据流控、事态预警和应急处置等监管措施。三是建立健全大数据保护的考核评估机制，将数据采集、存储、分析、挖掘、使用、传输、开放等全生命周期的关键环节纳入监管范围，对涉及国家利益、国防安全、公共安全、公民人身安全等关键行业领域的大数据，建议在有关部门内部设置专门的管理机构进行集中监管，确保数据在规定的范围内进行使用和传播。四是充分发挥行业自律作用，建议政府监管部门主动鼓励和引导各行业组织积极制定大数据安全行规行约，鼓励成立行业或区域性的大数据安全联盟等组织，建立行业内互相监督机制，实现自律约束、自律管理和自律惩戒，做到政府监管和行业自律相互协同、形成合力。原则上应按照数据谁建设谁负责、谁管理谁负责以及谁使用谁负责的原则保证数据安全，从而实现有大数据的地方就有责任主体。五是要加强中央与地方协调，引导地方各级政府结合自身条件合理定位、科学谋划，在制定出台促进大数据产业发展政策的同时，要突出数据安全的重要性，切实处理好数据共享和数据安全之间的关系。

3. 加大财政金融支持

保障大数据安全是一项周期长、投入高的国家战略工程，需要国家加大财政资金引导，特别是要集中力量支持大数据安全核心关键技术攻关、产业链构建、重大应用示范和公共服务平台建设等。一是依托“核高基”“863”“973”等国家级重大科研计划，加大信息安全、网络安全、可信计算等领域基础项目的支持力度，研究解决困扰大数据安全的理论、方法、模型和技术方面难点。二是利用现有资金渠道，推动建设一批国际领先的重大示范工程。通过重大示范工程，在重点领域、重点方向取得突破，及时解决数据安全面临的紧迫、关键难题，并进而带动相关产业发展和技术革新。三是加大对大数据安全产品的补贴。由于相关软硬产品技术含量高、开发周期长，我国不但要在政策上给予优惠措施，还应该从财政上给予企业补贴，尽快将涉及信息安全关键核心部件国产化，减少潜在风险。

二、建立完善适应大数据安全发展的法律法规体系

当前世界各主要国家已经意识到大数据的战略意义，从立法层面对大数据予以界定和保护也已经成为共识。相比美国和欧盟等发达国家或经济体已经初步建立起完备的数据法律体系，我国大数据立法严重滞后，亟须尽快组织并推进相关的立法与标准体系建设工作，为我国大数据产业起飞铺设好跑道。

1. 建立有机统一的大数据安全法律体系

当前我国的大数据安全缺少统一监管和行业自律，各个行业已逐渐开始利用大数据进行经营管理，但我国在政府监管和行业自律方面均已严重滞后于当前大数据发展的新形势。一是国家没有针对大数据信息安全建立统一的、有效的监管体制。尽管部分数据有相关的部委或组织负有监管职责，但从全国范围内而言并没有设立专门的监管机构、建立有效的认证体系，尚未形成可操作的监管制度，使得当前政府监管实际上还是处

于各自为政、多头管理、监管手段缺失的局面，甚至还普遍存在无序监管、无效监管、无人监管的情况。二是各个行业没有形成应有的自律机制，首先行业组织、企业和机构没有自律意识，缺乏信息数据保护方面的自主性，更没有制定和发布本行业的个人信息保护标准和准入制度，行业内互相监管几乎缺失，大数据信息保护最具效力、成本最低的行业自律和行业内互相监管等也难以发挥其真正效能和作用。为此我国应建立有机统一的大数据安全法律体系，首先是在国家层面建立统一的监管体系，设立统一的监管机构，建立协同、联防工作机制，加强信息保护的监管。要实施统一的大数据信息认证制度，制定认证标准和认证流程，对企业开展大数据个人信息安全动态评估工作，需对数据持有者及大数据使用主体进行跟踪评估。其次要在国家统一法律规制和行政监管下，充分发挥行业自律和互相监管，引导各个行业制定适合本行业的个人信息保护标准和规范，建立行业内企业之间的互相监督机制，在保证国家法律规制权威性的同时兼顾行业发展的灵活性。由于当前我国行业协会在行业发展中的地位不高，建议由国家相关管理部门主导制定可操作、可执行的行业自律管理办法。

2. 加快推进数据安全保护立法进程

在对国家信息安全进行立法时可以借鉴美国、欧盟国家等发达国家的已有立法经验。我国在信息安全保护立法方面相较美国和欧盟滞后至少 10 年，所以我国更应加快信息立法的脚步。应尽快形成“信息安全法”这一对信息安全进行保护的基本法律。再出台类似于“构建信息安全框架结构决议”或者“信息安全国际战略”等的具有指导性的法律文件，并规定相应的职能，增强各机构部门之间的协调和应对能力，以及规定对信息安全进行保护的具体可行的措施。同时要加紧对信息基础设施的建设和保护，通过立法制定保护战略措施。一是加快立法调研工作，由国家主导，组织相关法律专家、公民个人、各行业大数据领域资深人士、科研机构学者深入大数据产业链各个环节进行实地调研，广泛征求社会各界的意见，为科学立法、民主立法提供参考和依据。二是尽快开展立法工作，明确权利和义务主体，规范政府、企业、个人等大数据产业链参与者的行为准则，同时在现有国家和地方个人信息保护立法实践、调研的基础上拓宽立法起草渠道，深入研究欧美等国家对大数据个人信息保护的法律法规，参考国际经济合作与发展组织提出的八项个人信息保护原则，出台符合我国国情的个人信息保护法律，做到在保护我国公民个人信息权利的同时，保障与国际社会平等的信息合作交流秩序。三是完善个人信息违法的责任体系，加大惩罚力度，严厉打击大数据个人信息安全保护中的违法犯罪行为，大力提升犯罪门槛和违法成本，保护大数据产业持续健康发展。

3. 加强信息安全宣传，提高全民信息安全意识

受网络全球化的影响，信息自由和共享的观念浓厚，信息安全意识不够，如 Visa 国际组织的调查报告显示，中国的信息数据被盗或者丢失的概率比全世界的平均水平要高出 10%，这是对我国政府的一种警示。作为人口大国，我国存在自身的特殊性，农村人口比例大，网络覆盖范围广，信息量巨大，但是民众的数据安全意识差，农村居民更是如此。因此，国家很有必要成立信息安全文化宣传的部门，加大信息安全保护的宣传，使全社会都能意识到信息安全保护的重要性，防止信息强国从我国的信息安全薄弱环节入手，监控我国的民众信息。一是通过各种渠道对公众开展个人信息安全和隐私保护教育，推广面向个人的安全技术防护工具，使公民可以自主控制提供的个人信息量，提高公民的风险防范意识、责任自律意识和安全防范技能。二是对大数据平台单位相关人员加强职业道德和法律法规等方面的教育，让“谁运营谁负责、谁使用谁负责、谁主管谁负责”的责任意识深入人心。三是国家设立大数据安全日，对广大民众、单位团体进行普遍性的数据安全保护宣传和教育。四是建立大数据安全申诉渠道和举报机制，鼓励和动员公民个人、新闻媒体、认证服务机构等社会各界监督和曝光数据安全违法行为，形成共享共治、齐抓共管的良好社会氛围。

三、加大基础研发投入，实现关键技术自主可控

众所周知，无论是我国政府部门、企业的信息系统，还是个人的 PC、平板电脑、智能电话等，很多都采用了国外公司的产品。在过去几十年的中国信息化进程中，全球 IT 巨头的思科、IBM、谷歌、高通、英特尔、苹果、甲骨文、微软等公司一直扮演着重要角色。我国通用处理器市场被英特尔和 AMD 等跨国公司垄断，整机市场被 IBM，HP 和 Sun 等少数国际厂商瓜分，操作系统、大型数据库等基础软件大部分来自国外企业，思科等厂商所生产的网络设备在我国也占据市场主导地位。美国“棱镜门”事件曝出美国窃取全球多个国家的数据信息。美国国家安全局通过各大技术公司的产品“后门”进入它们的信息系统，并由此获取相关信息。这意味着如果我们的信息基础设备和行业存储数据的云使用未经安全认证的外国、外资背景的厂商提供的设备或云服务，将隐藏着重大的安全隐患，将无法保障业务系统及其数据的安全性，这给国家信息安全构成潜在的威胁。因此，大数据安全产品国产化尤为重要，解决大数据安全的根本之道在于实现国家主要信息产品、设备和技术的自主可控，以此建立并完善大数据信息安全体系。

1. 构建中国特色自主可控的发展路线

目前，国外在大数据技术方面相对于我国具有优势，在市场方面也处于垄断地位，在此情况下如果完全通过所谓市场“公平”竞争得到发展非常困难。因此，必须立足我国信息环境的基本现状，实现“弯道超车”。要选准突破口，依靠国家强有力的政策措施，坚持产业化推进，构建具有中国特色的自主可控技术发展路线。

一是自主可控技术的发展要以国家各类重要信息基础设施安全保护为突破口，推进国产芯片、国产网络设备、国产操作系统、国产数据库和国产云平台、云存储、云安全等关键软硬件产品的大规模应用，分期分批实现关键软硬件的自主化。重要信息基础设施作为培育自主软硬件产品的重要阵地，通过内部使用，可为市场树立样板，进而带动普通用户使用自主软硬件产品。构建支持自主可控大数据安全的产业链条，形成长效发展的机制；完善面向保密应用领域的科研与采购机制，使自主软硬件产品有条件、有渠道进入采购市场；支持企业加强科研配套能力建设，支持实力企业牵头实现自主一体化平台发展，并对优势单位给予持续稳定的政策、市场与科研支持，以保持其又好又快发展。

二是自主可控大数据安全技术的发展要以产业化为基础，坚持以适用、可靠为基本原则，按照核心环节可控的产业链要素配置。要通过产业化基地建设，在产品研发、规模应用、服务保障体系等方面加强互动，推动产业快速发展。要做好产业化技术支撑，自主研制的整机厂商、应用系统开发商以及现已成立的相关联盟需密切配合，提供配套的技术支持和服务，互补共赢。要通过组建大数据产业联盟，实现大数据产业链上下游的有效结合。积极探索产业化运作模式，探索生态圈内的市场开拓和商业模式，使各“链环”厂商得到更好的发展，共同建立起健康的“链条”。通过推进产业化成熟发展，广泛开展合作，认真分析用户需求，提供优质服务，真正使自主软硬件产品与技术在我国大数据领域得到广泛应用。

三是要在应用环节上下功夫。应用自主可控技术除了从政策导向上予以大力支持外，相关部门应大力宣传和推广自主可控技术，提升用户对于自主可控软硬件产品的认知，并引导用户选择国产自主可控的大数据安全产品，同时在补贴、税收方面给予优惠。

2. 强化大数据安全领域的创新研究

大数据在面临自身安全问题的同时，也给信息安全的发展带来新机遇。普遍认为，大数据将会是整个安全行业发生重大转变的启动因素。其中大数据技术将为安全分析提供新的可能性，为我们提供一个更宽广的新视角，帮助我们更前瞻地发现安全威胁，提升我们信息安全防护系统的安全能力和安全效果。我国应以此为契机，强化大数据安全领域的创新研究，抢占大数据安全产品和技术的制高点。一是自主可控的软硬件技术研发。建议由国家牵头成立信息技术研发领导小组，成员为信息产业界行业领袖和精英，对大数据安全核心技术和关键产品等进行整体规划、重点攻关。二是要深化科技体制改革，对高科技研发给以政策和资金扶持，眼光放长远，培育科研人员潜心研究的社会环境和风气，鼓励企业作为研发主体，与大学合作，产学研协同发展。政府部门应设立专项资金，引导并推动科研机构和企业加强研究和技术创新，争取逐步掌握核心技术，避免过度依赖进口产品，以免造成信息安全隐患。加快面向大数据的信息安全技术的研究。国家投资建设的通信网络应尽量使用国内软硬件产品，以增强通信网络的自主可控性，进而保障国家、企业和个人的信息安全，为社会经济发展创造良好条件。三是政府应积极与企业和民间信息技术精英合作，协同企业、行业组织及教育机构开展多层次的人才培训与教育工作，培养相当规模的网络科技从业人员和科研人员，为将来实现信息产业的软硬件技术可控积累资本和力量。

3. 建立国家级大数据中心

随着网络的普及以及数据采集设备的广泛应用，各行各业每时每刻都产生出大量的数据，特别是在金融、电信、政府、能源、交通、民生、网络经济、互联网服务等行业。传统上，这些数据存储在各自的数据中心，其安全性由各系统进行保障。这种管理模式数据安全的保护效率低下，安全性又得不到有效保障。大数据时代，需要从原各单位自建自用数据中心为主自给自足的模式向构建国家级大数据中心转变，对涉及国家重大经济、社会、国防、金融、科技、医疗、能源等领域的核心数据统筹管理，分别建立多个国家级大数据管理、处理、应用和安全保护中心。

美国国家安全局正是认识到建设国家级大数据中心的重要性，其耗资 17 亿美元在犹他州建立了美国第一个国家级的“数据中心”。美国国家安全局副局长曾表示：“该数据中心主要是用来收集、存储及分析信息，为情报部门服务，并且保护国家的电子信息安全。”该中心占地 48 万平方米，近 10 000 名工人参与建筑这个工程，是迄今为止美国最大、最昂贵的数据中心。韩国科学技术政策研究院在 2011 年就正式提出“大数据中心战略”，要在韩国建设具有战略意义的大数据集中管理中心。我国也应该借鉴这些国家的做法，建立几个国家级的大数据中心。一方面通过大数据中心，推进各地区、各行业、各领域数据资源的共享开放，加强数据资源发掘运用；另一方面可对大数据进行更为有效的安全防护。当前我国在贵州已经构建国家级大数据中心，但尚需要针对不同行业、领域建立集中管理、分布配置的大数据中心。除贵州之外，我国还应该分别在东北、东南、华中等地区各建设一至两个国家级大数据中心，中心分别侧重不同行业、领域的数据存储、管理、处理、分析以及应用，并根据数据分级实现有限的共享。每个中心应将大数据安全作为主要的工作职责，重点保障数据的防盗取、防篡改、防破坏等方面的安全。

四、加强大数据安全人才培养

大数据的安全依赖于网络、信息安全方面的人才，但现阶段我国网络、信息安全人才培养远远不能满足我国由数据大国向数据强国转变的需求。据有关方面统计，我国每年培养的与网络、信息安全专业本科毕业生仅数万人，而目前我国这方面人才缺口有上百万。此外，大数据安全人才总量和结构远远不能满足快速发展的信息化建设需要，特别是专业型人才、复合型人才、领军型人才明显短缺，严重影响我国大数据安全建设，制约我国信息化发展进程。当前，我国需要将大数据安全人才培养作为大数据建设的重中之重。

1. 加快大数据安全学科体系建设

早在2005年我国教育部就发布7号文件，指出要不断加强信息安全学科建设，尽快培养高素质的信息安全人才队伍，并将此作为我国经济社会发展和信息安全体系建设中的一项长期性、全局性和战略性的任务。但由于种种原因网络信息安全学科一直未能设立为一级学科。这严重影响了我国网络安全人才培养质量。因此要把目前存在于不同学科下的信息安全相关专业划归到大数据安全类，以便统筹管理。其次是要合理划分学科体系，建议针对大数据安全理论与实践连接相对紧密的特点，分别设置大数据安全专业知识体系以及安全实践能力体系。其中安全专业知识体系应至少包括信息科学基础知识领域、信息安全基础知识领域、信息系统安全知识领域、密码学知识领域、网络安全知识领域、信息内容安全知识领域和可信计算领域等。安全实践能力体系应主要包括软件系统实践能力领域、硬件系统实践能力领域、密码学实践能力领域、网络安全实践能力领域、信息内容安全实践能力领域、创新实践能力领域等方面。同时需要建设贯穿从专科、本科、硕士到博士各阶段的学科设置。在专科阶段重点培养学生的操作能力，培养大数据安全产业工人。在本科阶段重点培养学生的实践能力，特别是能够在实践中发现潜在风险的能力。在硕士阶段突出理论与实践相结合的能力。而在博士阶段重点是培养学生的理论创新能力，抢占大数据安全的理论研究制高点。

2. 积极参与国际大数据与信息安全人才竞争

当今保障大数据安全的竞争，归根结底是人才的竞争，人才是实现大数据安全的根本。这几年西方发达国家正在积极吸引世界上优秀的信息安全人才。我国也应该积极参与到国际人才争夺战中，要全力打造一个有利于人才成长、留住人才、吸引人才的良好环境。一是举办人才引进与交流高峰论坛。邀请知名人才专家、大数据安全专家、学者参加国内学术交流活动，研讨大数据发展过程中遇到的热点和难点问题，共商战略与对策等。二是开展高层次人才集中公开招聘。组织各专项专题人才招聘会，提供住房、资金、课题、项目资助，完善配套措施，吸引国际人才到中国创业。三是要改革科技管理体制，建立开放、流动、竞争的机制，有针对性地加大海外顶尖人才也包括高水平信息安全人才的引进力度，并为他们创造一切可能的保障条件。

大数据时代，机遇与挑战并存。面对新形势新问题，我们只有坚持数据安全与共享同步发展道路，筑牢我国大数据从个人、企业到国家各层面的安全管理防线，守卫好我国数据主权，才能防止大而无序、大而无安，真正实现大有所长、大有所用。

第 12 章

如何共同构建国际互联网治理体系

习近平总书记在第二届世界互联网大会上发表的重要讲话中指出:“国际社会应该在相互尊重、相互信任的基础上,加强对话合作,推动互联网全球治理体系变革,共同构建和平、安全、开放、合作的网络空间,建立多边、民主、透明的全球互联网治理体系。”这充分表明,构建一个符合历史和时代潮流、维护国际公平正义、反映大多数国家利益、增进人类社会福祉的全球互联网治理体系,已经成为包括中国在内的大多数国家的普遍愿望。习近平总书记的这一主张,表明了中国对全球互联网治理的基本立场,体现了中国作为一个网络大国的责任与担当,理应得到国际社会的广泛认可与接受。

一、网络让国际社会越来越成为命运共同体

地球是我们人类共同的家园，这个家园因互联网而联系更加紧密。互联网是全球化的“加速器”，让国际社会越来越成为你中有我、我中有你的命运共同体。互联网天生具有全球性的特征，让世界变成了“鸡犬之声相闻”的地球村，相隔万里的人们不再“老死不相往来”。它在全球范围内的扩展使得人类社会日益成为一个“一荣俱荣、一损俱损”的整体。面对全球性网络问题，没有任何一个国家能够置身事外、独善其身。国际社会只有在互信合作的基础上，携手应对共同挑战，才能真正让互联网造福于人类社会。

人类社会因互联网而更加相互依赖的同时，互联网所蕴含的风险也日益凸显。当前，互联网与世界各国的经济发展、产业调整、社会生活、意识形态、国家安全等高度相关，任何国家的发展都可能受到来自千万里之外的不确定性因素的影响，任何国家都不可能在损害其他国家核心利益的同时维护本国的核心利益。在网络时代，世界各国相互依存、彼此依赖，既面临共同的安全需求，又对互联网发展有着共同期盼，这就要求国际社会必须正视和适应网络时代的潮流变化，从人类命运共同体的高度来认识构建全球互联网

治理体系的必要性。

习近平总书记强调："网络空间是人类共同的活动空间，网络空间前途命运应由世界各国共同掌握。各国应该加强沟通、扩大共识、深化合作，共同构建网络空间命运共同体。"当前，要着重补足国际互联网治理中的短板，加强对于发展中国家的技术援助，以更加透明的方式开展网络活动，摒弃意识形态化的"网络战"与"信息霸权"思维，培育发展中国家参与全球互联网治理的基本能力等。构建全球互联网治理体系，就是要以对人类整体利益负责的精神，推动形成多边、民主、透明的治理格局，充分发挥互联网技术的"正能量"，让互联网成为阿里巴巴的宝库，而不是"潘多拉魔盒"。只有这样，人类命运共同体才能在相互依存中走向安定繁荣；否则，人类命运共同体就会在彼此争斗中陷入集体困境。

二、全球互联网治理状况亟待改善

作为全球性公共产品，互联网的发展应该以国际社会的公共利益为取向，让世界各国都成为网络技术的受益者，更好地造福全人类、造福全世界。然而，当前国际社会面临伴随互联网发展而产生的一系列共同威胁与挑战，迫切需要改革当前不公正、不合理的全球互联网治理格局。互联网是人类的新空间、新领域、新家园，需要新思想、新规则、新秩序。

互联网在为人类生产生活提供便利的同时，也将风险扩散到世界各地，全球性网络问题日益增多。各国政府都需要解决诸如网络谣言、黑客攻击、网络诈骗、网络色情、网络犯罪等社会问题，都需要营造清朗健康的网络空间，都需要依法治理净化网络环境。网络安全已不是单纯的技术安全，涉及政治、外交、经济、军事、文化各领域，包括技术、管理、法律、标准、伦理等各方面，业已成为国家战略，事关国家核心利益，这对于每一个国家都是一样的。当前，恐怖主义借助互联网宣传极端思想、组织暴力袭击、加强国际渗透，给国际社会安全与稳定带来严重隐患。这些全球性网络问题，已经不是哪一个国家自己的事情，也不是哪一个国家独自能够解决了的事情。

然而，世界各国在信息领域的国家利益与政治、经济、军事、科技、地缘、文化等各方面利益相互交织、错综复杂，制约了各国之间加强网络空间合作的意愿。主要是因为，在诸如互联网治理论坛（IGF）、互联网域名地址分配机构（ICANN）、国际电信联盟（ITU）等国际信息组织中，全球互联网的基础资源依然掌握在少数网络强国手中，发展中国家的话语权和影响力没有得到充分体现。事实上，在信息化、数字化的国际竞赛中，发展中国家与发达国家并不是站在同一条“起跑线”上。少数发达国家借助信息革命的浪潮和在国际政治经济格局中的优势地位，已经牢牢占据了国际互联网领域的“制高点”与“战略要地”。而许多发展中国家则既缺乏信息领域核心技术与基础设施，难以开发转化运用大数据资源，又在国际互联网治理领域受制于人，陷入被动交困境地。同时，全球互联网治理体系中不公正、不平等的格局，又进一步拉大了发展中国家与发达国家之间的差距，损害大多数国家和人民的利益，严重阻碍公平正义在全球互联网治理领域得到实现。要想有效解决互联网时代的全球问题，必须建立多边、民主、透明的全球互联网治理体系，这已经是国际社会的普遍共识。

三、共同构建更加公平合理的国际互联网治理体系

互联网互联互通，这就要求国际互联网治理要走向共享共治。坚持在共识中共建，在共建中共享，在共享中共治，在共治中共赢。

中国倡导建立多边、民主、透明的国际互联网治理体系，呼吁世界各国加强合作，目的在于推动国际互联网治理体系建设成为全球讨论议程，使其朝着更加公平合理的方向发展。为此，必须在国际互联网治理的原则理念、体制机制、治理格局等领域取得共识、实现突破。

确立共享共治的理念。既然互联网以平等、开放、包容、共享为其本质特征，治理互联网也应当秉持共享共治的理念。随着互联网全面介入与影响人类生产生活，互联网的公共属性日趋显著。互联网的发展与身处其中的所有国家及其人民利益都高度相关，利益相关者理应平等参与到国际互联网治理之中，不搞单边主义，不搞一方主导或由几方凑在一起说了算。任何国家的网络主权都需要得到尊重，互联网再发展也不能侵犯他国的信息主权，这是实现全球互联网治理的基础。全球互联网治理要力求体现各方关切与诉求，鼓励世界各国共同参与规则制定，增强发展中国家的发言权与影响力，互联网的发展成果尽可能实现全人类共享，从而达到世界各国合作共赢的目的。构建全球互联网治理体系必须要以共享共治的理念为引领，推动全球互联网治理秩序进一步改善。

构建多边参与治理格局。互联网是一个多方参与的开放空间，构建全球互联网治理体系必须要形成政府、企业、技术社群、国际组织、公民个人等多方参与的格局，否则互联网的活力就会逐步丧失。政府应当发挥引领作用，制定促进互联网发展、维护人民权益的公共政策；互联网企业应当发挥主体作用，承担社会责任；互联网社会组织应当发挥纽带和推动作用，参与公共服务，注重行业自律，促进行业发展；技术社群应当发挥支撑作用，加强技术研发创新和服务运行保障；国际组织应当充分发挥代表性，促进世界各国网络基础资源合理配置；网民应当积极参与网络治理，既自由表达诉求和心声，也要遵守法律和秩序。全球互联网治理应当而且必须在多边基础上运行，制定什么样的规则，采取什么样的管理方式，应该由世界各国共同参与讨论、共同商量、共同决定，绝不能让网络空间成为某些国家推行和巩固霸权的新领域。

建立对话协商体制机制。全球互联网治理既存在公共利益，也面临诸多分歧与冲突。要解决这些分歧与冲突，就必须建立对话协商机制，开诚布公，坦诚交流，实现相互理解，共同寻求解决之道。世界各国国家实力有大小强弱之分，互联网发展水平有高低之分，参与全球互联网治理的程度有所差异，但是各国在网络主权上的地位是平等的，其维护国家网络利益的权利也是平等的。全球互联网治理，要摒弃零和博弈、赢者通吃的旧观念，坚持同舟共济、互信互利的理念，不断寻找并扩大对话协商的空间。对话协商体现的就是一种平等精神，要求以求同存异、体谅包容的态度，尊重彼此在互联网领域的核心利益与重大关切，妥善解决网络空间矛盾分歧，使全球互联网治理体系更加公正合理，更加平衡地反映大多数国家意愿和利益。中国举办世界互联网大会，就是本着深化合作来谋取共赢，让互联网更多地造福人民，这充分表明了中国建立对话协商体制机制的诚心。

四、旗帜鲜明倡导网络主权

习近平总书记在第二届世界互联网大会上系统阐述了中国的网络主权观，明确提出推进全球互联网治理体系变革要坚持尊重网络主权的原则。网络空间的跨国性与脆弱性并存，致使网络主权成为国家核心利益的重要组成部分。当前世界各国无不承认网络主权的重要性，而问题在于如何促进各国彼此尊重网络领域重大利益关切，推动互联网技术成为全球优质公共产品。中国作为新兴网络大国率先提出并积极倡导网络主权理念，必将引领全球互联网治理体系进一步迈向公平合理。

众所周知，法国思想家博丹第一次从法理意义上系统论证了“国家主权”概念的合法性。他认为，主权是现代国家的固有属性，任何国家不管其大小、强弱及其他差异，在国际法上的地位应一律平等，都应享受不可转让、不可分割的国家主权。荷兰法学家格劳秀斯进一步解释：“当一国不受任何别国控制而处理内部事务时就表现为主权。”17 世纪中叶，在经历了三十年战争的惨痛教训后，欧洲各国签订《威斯特伐利亚体系》，确定了以平等、主权为基础的国际关系准则。二战后，尊重各成员国主权被写入《联合国宪章》，进一步确立了国家主权的至高无上性。可以说，虽然破坏国家主权原则的国际行为仍然存在，但是几乎没有国家公然否认国家主权原则。

随着人类活动空间的扩展，以国土疆域为特征的传统国家主权观受到冲击。网络空间虽然具有虚拟性、无国界特征，但是网络技术的主体、设施及后果却与现实世界密不可分，无法脱离具体国家而存在。因此，网络空间活动依然具有国家主权属性。网络主权可以看作国家主权在网络空间的自然延伸，是国家主权的新领域，是国家利益的新维度。

具体而言，网络主权主要包括四个方面：一是管辖权，即主权国家管理网络空间的权力；二是防卫权，即主权国家对外来网络攻击与威胁进行防御的权力；三是独立权，即确保本国网络独立运行，不受制于人的权力；四是平等权，即主权国家间平等参与全球互联网治理的权力。

事实上，世界主要网络大国都已经意识到网络主权的重要性，将维护本国网络主权上升为国家战略。如俄罗斯、日本、英国、德国、印度等国都颁布了网络安全战略与发展建设计划，美国也相继出台了《国家互联网安全战略报告》《网络空间安全评估报告》等重要文件。在其他国家，网络主权也成为普遍关注与共同期待。

在当前全球互联网治理体系并不完善的情况下，中国旗帜鲜明地提出“网络主权”主张，得到了国际社会的广泛赞誉。习近平主席强调，“应该尊重各国自主选择网络发展道路、网络管理模式、互联网公共政策和平等参与国际网络空间治理的权利，不搞网络霸权，不干涉他国内政，不从事、纵容或支持危害他国国家安全的网络活动”。当然，要实现这一目标也并非一片坦途，需要国际社会一道把先进理念的吸引力转化为实际行动的创造力。

维护网络主权要有新思维。这首先要打破网络空间“零和博弈”和对抗性思维，树立网络命运共同体意识。网络空间可以足够包容各国差异性利益，足够消弭各国潜在的矛盾冲突，足够创造各国互利共赢的机会。要认识到，互联网在将世界融合为“地球村”的同时，也将世界各国纳入“权力相互依赖”的利益格局中。每一国家在信息领域的主权权益都不应受到侵犯，各国都有权维护自己的信息安全，不能一个国家安全而其他国家不安全，一部分国家安全而另一部分国家不安全，更不能牺牲别国安全谋求自身所谓绝对安全。

维护网络主权要有硬实力。网络安全离不开信息技术、信息基础设施、信息产业等国家硬实力的支撑。互联网既是促进经济发展的朝阳产业，也是维护国家核心利益的重要领域。对于发展中国家而言，尤其需要将增强互联网硬实力作为国家战略来推进，加大信息技术研发、信息人才培养、信息产业发展，处理好网络安全与网络发展的关系，尽快弥补与发达国家的“数字鸿沟”，以国家信息领域硬实力构筑起维护网络主权的“铜墙铁壁”。

维护网络主权要靠国际合作。每个国家面对互联网发展带给国家主权、发展利益的新挑战，只有通过加强和深化国际合作才能有效应对。离开了哪一方，效果都会大打折扣，网络主权都不会得到根本保障。世界各国首先要秉持网络主权一律平等的原则，切实尊重其他国家的重大利益，才能真正建立国际合作的现实基础。要培育网络空间共识，不断扩大网络空间合作利益面，加强国际社会在网络安全技术、制度建设、管理经验等层面上的相互交流，携手迈向多边、民主、透明的国际互联网治理体系。

五、在全球互联网新型治理体系中发挥更大作用

全球互联网治理体系变革应以构建全球互联网新型治理体系为目标，其中包含主体、原则、规则和制度体系、价值与目标这四个关键要素。

扩大全球互联网治理主体参与。正如习近平总书记所指出的，网络空间是人类共同的活动空间，网络空间前途命运应由世界各国共同掌握。国际网络空间治理，应该坚持多边参与，由大家商量着办，发挥政府、国际组织、互联网企业、技术社群、民间机构、公民个人等各个主体作用，不搞单边主义，不

搞一方主导或由几方凑在一起说了算。全球互联网新型治理体系的主体应是多元的，由多主体参与取代一方或少数几方主导。

坚持全球互联网治理体系变革基本原则。习近平总书记提出的推进全球互联网治理体系变革应尊重网络主权、维护和平安全、促进开放合作、构建良好秩序四项基本原则，为全球互联网新型治理体系提供了基本遵循。其中，尊重网络主权是基本前提，促进开放合作是基本路径，维护和平安全和构建良好秩序是基本目标。全球互联网新型治理体系应在此四项原则框架内进行构建。

革新全球互联网治理规则和制度体系。革新全球互联网治理规则和制度体系是构建全球互联网新型治理体系的关键，需要各国在加强沟通交流的基础上凝聚共识，通过多层次平台有效管控分歧，以完善网络空间对话协商机制为基础，共同研究制定各方普遍接受的全球互联网治理规则，使全球互联网治理体系更加公正合理，更加平衡地反映包括新兴市场国家和广大发展中国家在内的大多数国家的意愿和利益。

明确全球互联网新型治理体系价值与目标。全球互联网治理的价值理念应是各治理主体共同构建和平、安全、开放、合作的网络空间，体现网络空间治理的价值与路径相统一；其目标在于建立多边、民主、透明的全球互联网新型治理体系，体现主权平等与共享共治相结合。

中国应在全球互联网新型治理体系中发挥更大作用。中国正从互联网大国向互联网强国迈进。中国正在实施“宽带中国”战略，推行“互联网+”行动计划，推进“数字中国”建设，互联网正与中国经济、政治、社会、文化和生态文明深度融合。可以预见，中国互联网将有更广阔的发展空间，更长足的发展势头，更丰硕的发展成果。

中国在实现互联网大发展的同时，始终为推进全球互联网治理体系变革做出努力。2011 年 9 月，中国、俄罗斯等国共同起草了《信息安全国际行为准则》，作为第 66 届联合国正式文件和首份正式的网络安全国际规则，该准则强调各国有责任和权利保护本国信息和网络空间及关键信息和网络基础设施免受威胁、干扰和攻击破坏；建立多边、透明和民主的互联网国际管理机制；充分尊重在遵守各国法律前提下信息和网络空间的权利和自由；帮助发展中国家发展信息和网络技术；合作打击网络犯罪等。2012 年 9 月，新兴国家互联网圆桌会议在北京召开，中国、俄罗斯、巴西、南非等国代表出席了会议，表达了新兴国家在推进全球互联网治理体系变革、共同参与全球网络空间治理的意愿与呼声。2014 年 11 月，首届世界互联网大会的召开，为中国与世界互联互通和国际互联网共享共治搭建了平台。2015 年 12 月，第二届世界互联网大会在中国乌镇召开，多名国家领导人和国际组织负责人出席大会，中国国家主席习近平在大会上提出推进全球互联网治理体系变革应坚持的四项原则，并表示中国愿同各国一道，加强对话，推进变革，使全球互联网治理体系更加公正合理。习近平主席的讲话，展现了中国作为互联网大国的责任意识和担当精神。在新的历史时期，中国应积极主动承担互联网大国的使命，在推进全球互联网治理体系变革和构建全球互联网新型治理体系中发挥更大作用。

六、更加积极参与世界网络规则制定

在国际政治中，学者们常常把建立在经济实力和军事实力等方面的权力称为“硬权力”，将通过文化、价值观念和意识形态施加影响的权力称为“软权力”。而面对一个新兴的空间时，通过规则的建立，去定义哪些文化、价值观和意识形态是有意义的权力则是“元权力”，是一项比“软权力”更加基础性的权力，是一种在全新领域中制定游戏规则和概念的力量。作为一个后发型的发展中国家，中国在进入国际舞台之前往往面临着被动地接受规则的角色。这也意味着，近代历史上国家实力的羸弱，使我们在制定国际规则的话语权上存在着先天的不足。互联网空间的兴起对中国而言，是一个重新建立与国家实力相符合的规则话语权的历史机遇。这是因为互联网蓬勃发展的时间，正好与中国经济高速发展、综合实力迅速增强、国际影响力前所未有提高这一时间点相互符合。中国国内互联网的发展与应用，无论是在技术层面还是市场层面，与世界各国相比并不存在时代的差距，相反，在很多应用领域走在世界的最前沿。在这一背景下，在未来互联网领域的发展上，中国必须把握住时机，与世界各国一起制定出有利于全人类共同命运的互联网规则，建立起尊重各种文明的，不同于西方中心主义的多元互联网价值观体系。

不可否认的是，当下的互联网空间在全球制度层面上存在着至少两个方面的问题，一个是网络空间规则的缺失，第二个就是网络空间规则制定的话语权掌握在少数国家手中。第一个问题突出地表现为，互联网空间往往缺乏有效的法律管制。在不少国家和地区，包括中国在内，互联网空间仍然存在着一些法律模糊和道德模糊的地带。斯诺登事件的发生，意味着在互联网空间中，大量公民的信息安全和信息自由受到了个别国家和企业的侵犯。而恐怖主义势力利用互联网进行极端化的宣传，从事暴力恐怖、民族分裂等反人类活动，则从另一个方面说明了绝对的互联网自由和无序状态也同样是不可取的。这就需要世界各国一起，明确网络社会中国家、企业、组织与公民的权利与义务，既能制定出全人类需要共同遵守的互联网法律和道德底线，又能制定出适应各国社会发展水平的具体法律法规。既保护国家、企业和民众的信息安全不受危害，又保证网络空间中弱者的基本信息权利。

在互联网空间规则制定的话语权上，西方发达国家和发展中国家之间存在着明显的能力不对等。当今互联网发展的主导技术力量和经济力量，仍然大量掌握在美国等国家手中。世界顶级的互联网巨头，除了中国的百度、腾讯和阿里公司之外，基本上都是在美国诞生。谷歌、微软、苹果、Facebook 和 Twitter 等公司掌控着世界上绝大部分电脑操作系统、手机操作系统、网络搜索引擎、社交软件。BBC、CNN、《纽约时报》等媒体巨头为国际互联网提供和生产绝大部分的新闻内容。英特尔、高通垄断了全球的电脑处理器产业。这些因素，构成了西方极少数发达国家在网络空间中的绝对优势地位，可以通过对互联网企业的掌控，对新的网络交往方式的发明，来维持自己在网络空间中的规则制定权。

除了这些技术实力和经济因素上的差距之外，西方发达国家也将文化上的主导地位代入互联网空间之中。当然，除了人类共有的基本文化和价值理念之外，在西方主导的互联网文化中，仍然存在着西方中心主义和冷战思维的阴影，例如在互联网的舆论导向上对中国社会的误解和错误信息的传播；以自身存在的种族和宗教歧视问题来衡量中国的民族宗教问题；人权高于主权；信息管制的双重标准，对自身的信息管制视为理所当然，对中国的信息管理宣传为专制统治等。在一定程度上，西方的文明标准正在决定着互联网中哪些价值观是有意义的，哪些价值观被排除在互联网空间之外，获得了一种基础性的网络权力。

在这种情况下，中国理应发出与自身国际地位相符合的声音，在新兴的互联网空间的基础规则制定上承担更大的责任和更多的义务。

从国家战略的角度来看，获取国际网络空间规则制定的合理权利需要从提升网络科技实力和定义价值观两个方面进行考虑。

提升网络科技实力，既要取决于国家基础 IT 技术的发展与进步，也要有待于一批具有世界影响力的综合性网络企业的崛起。当前，一批中国的互联网企业逐步成长为具有世界规模的大型公司，无论是百度、腾讯还是阿里巴巴公司，其规模和体量已经达到世界顶级的水准，但是其用户更多集中在国内市场。与谷歌、苹果和微软公司对全球用户的辐射相比，国内的互联网巨头仍然有漫长的道路要走。在未来的发展中，国内的互联网企业应当更加具有进取性和国际性，将具有创新性的产品推向世界。假如有一天，美国的民众使用中国的社交软件，采用中国的手机系统，以在淘宝上购买中国的进口商品为时尚，那才真正意味着世界级的互联网企业在中国诞生。

从长远来看，在定义价值观的层面上，中国需要在网络空间中提出新的基本概念，引入新的基本理论，发展和引领全世界接受的互联网新思想。首先是在具体的内容上。这些概念和理论既需要符合人类现代社会基本的价值理念，例如公正、自由、平等、对人性的尊重等，也需要体现网络空间独有的特征，例如分享、开放和包容，同时还应体现中国作为一个发展中国家和东方国家独有的特色，例如发展、安全和文化多元性。西方国家，尤其是以美国为代表的主流西方文化，往往崇尚政治制度和人类文明进程的一元化标准，在价值观的定义上，推行简单的文明—野蛮、现代—传统、先进—落后、西方—东方、民主—非民主、工具理性—感性的二元对立，将非西方的发展道路与文明视为文明冲突的对象，试图输出单一化的经济、政治发展模式，这种思维方式和价值体系如实地反映在互联网空间之中，也造成了互联网空间中的文化霸权和文化冲突。而中国传统文化中则存在着很多与互联网精神相契合的价值和理念，例如道家文化中的摒弃非此即彼的辩证思维，儒家文化中摒弃极端主义的中庸思想，以及“君子和而不同”“各美其美，美人之美，美美与共，天下大同”的包容心态等。只有将这些优秀的文化基因融入互联网全球制度的制定中，在互联网空间中引入一种新的文明，才能生产出新的互联网价值规范。

其次，在具体的国家政策导向上，在重视国内信息技术研究的同时，更加重视人文社会科学领域对互联网空间的研究，加大资源投入的力度，搭建国际交流的平台，并且积极扩大这一领域的国际影响力，使得中国的学术界和思想界对互联网的思考可以影响世界，占领对新兴的互联网空间诠释的理论高地，掌握互联网话语权的主导地位。

最后，中国声音在互联网空间中的传递不仅仅需要由国家来发出，还需要中国民众更多地向全世界发出自己的声音，传播自己的文化，成为世界互联网空间中的重要力量。这就需要我们在保障互联网社会秩序和互联网国家安全的前提下，进一步构建出更加开放和自信的互联网空间，促进国内民众将中国的文化传统带入多元的世界互联网空间之中。

后记

一定要过互联网这一关

面对信息时代汹涌而来的各种风险挑战，中国共产党将如何应对？答案只有一个：必须大力加强网络执政能力建设。过不了互联网这一关，就过不了长期执政这一关。

许多西方人，乃至许多国内的人，将改变中国、改变中国共产党寄希望于互联网身上，认为互联网必将成为中国共产党的“心头之患”，成为中国共产党执政安全的“最大变数”。

然而，须知中国共产党是一个务实灵活、应变能力极强的政党。互联网确实给中国共产党带来了许多风险挑战，但也带来了前所未有的机遇。因此，中国共产党并没有惊慌失措，也没有故步自封，而是积极应对挑战，巧妙抓住机遇，从而形成了一套比较有效的管理引导互联网健康有序发展的理念、模式和策略。

当前的关键是，如何巩固和发扬已经积累起来的优势和经验，进一步面向信息社会推进国家治理体系和治理能力现代化，并在这一过程中有效提升中国共产党的网络执政能力。本书所展现的内容，给出了若干思考和回答。

我们认为，加强网络执政能力建设，中国共产党已经认识到了其重要性和必要性；中国共产党已经形成了一套行之有效的互联网治理的中国经验。

我们认为，加强网络执政能力建设，中国共产党必须大力推进网络空间治理现代化、保障大数据时代执政党的执政安全、能够利用大数据科学有效进行反腐倡廉。

我们认为，加强网络执政能力建设，中国共产党必须以互联网思维引领国家治理现代化、提升政府公共服务和公共决策水平、推进社会治理精细化。

我们认为，加强网络执政能力建设，中国共产党必须充分保护和利用国有数据资产，有效保护个人信息安全。

我们还认为，加强网络执政能力建设，中国共产党必须积极倡导并参与构建国际互联网治理体系。

围绕以上方面，我们进行了深入的思考和探讨，力求对于加强中国共产党网络执政能力建设提出若干具有资政参考作用和学术研究价值的意见建议。

我们希望，我们的研究代表了一个研究领域的开启，而非提供了已成定论的答案。

之所以能够形成这样的研究成果，最重要的，要感谢中央网信办委托课题经费的支持。在课题支持上，中央网信办充分秉持了互联网思维：开放、包容、分享、信任，放手但不撒手，支持但不把持，从而使得我们能够自由灵活地开展研究。感谢中央网信办的同志，他们在课题研究开展中给我们创造了方便的条件，提供了许多具体的指导。

我们成立了中央党校“信息化与国家治理现代化”课题组，黄相怀任组长，成员包括孙林、郇雷、陈氚、陶元浩、张晓琴、朱正祥、张子谏、宋屹东、李书省、蒋晋光、杨庆龙。其中，黄相怀设计了全书的研究提纲，具体撰写了导言、第1章、第12章草稿的一部分，并统一对全书进行了阅看把关。孙林、李书省、宋屹东、郇雷、蒋晋光、陶元浩、杨庆龙、张晓琴、朱正祥分别承担了第2、3、4、5、6、8、9、10、11章草稿的撰写工作，陈氚和张子谏共同承担了第7章草稿的撰写工作。

我们希望，中国共产党成为掌握运用互联网的高手，成为富有互联网思维的执政党，从而永葆青春之朝气、永葆向上之活力。

图书在版编目（CIP）数据

互联网治理的中国经验：如何提高中共网络执政能力/黄相怀等著.
—北京：中国人民大学出版社，2017.1
ISBN 978-7-300-23556-1

Ⅰ.①互… Ⅱ.①黄… Ⅲ.①互联网络—管理—研究—中国
Ⅳ.①TP393.4

中国版本图书馆 CIP 数据核字（2016）第 261928 号

互联网治理的中国经验：如何提高中共网络执政能力
黄相怀 等 著
Hulianwang Zhili de Zhongguo Jingyan：
Ruhe Tigao Zhonggong Wangluo Zhizheng Nengli

出版发行	中国人民大学出版社		
社　　址	北京中关村大街 31 号	**邮政编码**	100080
电　　话	010－62511242（总编室）		010－62511770（质管部）
	010－82501766（邮购部）		010－62514148（门市部）
	010－62515195（发行公司）		010－62515275（盗版举报）
网　　址	http：//www. crup. com. cn		
经　　销	新华书店		
印　　刷	涿州市星河印刷有限公司		
开　　本	890 mm×1240 mm　1/32	**版　　次**	2017 年 1 月第 1 版
印　　张	7.625 插页 2	**印　　次**	2024 年 5 月第 2 次印刷
字　　数	143 000	**定　　价**	76.00 元